AF192909

BIBLIOTECA LA NAU, MINOR 40

UN MUNDO SIN PLÁSTICOS,
¿ES POSIBLE?

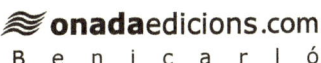

onadaedicions.com

Benicarló

El IX Premio Internacional de Divulgación Científica Ciutat de Benicarló, convocado por el AYUNTAMIENTO DE BENICARLÓ, se ha concedido a la obra presente. El jurado ha estado formado por Salvador Macip Maresma, Miquel Àngel Pradilla Cardona y Òscar París Garcia. Los Premios Literarios Ciutat de Benicarló cuentan con la colaboración de la Fundació Caixa Benicarló, IFF, INEOS Composites, Acadèmia Valenciana de la Llengua y Universitat Jaume I.

Jordi Díaz Marcos

UN MUNDO SIN PLÁSTICOS, ¿ES POSIBLE?

IX Premio de Divulgación Científica
Ciutat de Benicarló

BIBLIOTECA LA NAU, MINOR 40

onadaedicions.com
B e n i c a r l ó

Primera edición abril de 2025

© Jordi Díaz Marcos
© *Ilustraciones* De las respectivas autorías
© *Ilustracion de cubierta* Sergi Cambrils Caspe
© *De esta edición* Onada Edicions

Edita
Onada Edicions
Plaça de l'Ajuntament, local 3
Ap. de correus 390 • 12580 Benicarló
www.onadaedicions.com • onada@onadaedicions.com

Diseño de la colección y maquetación Onada Edicions
Corrección lingüística Rosa Maria Camps Cardona

ISBN 978-84-10259-56-0
Depósito legal CS 264-2025

Ninguna parte de esta publicación puede ser reproducida, almacenada
o transmitida en cualquier formato o por cualquier medio, ya sea electrónico,
mecánico, por fotocopia, por registro o por otros métodos sin el permiso previo
y por escrito de los titulares del copyright.

PEFC Certificado

Este producto procede
de bosques gestionados
de manera sostenible
y fuentes controladas.

PEFC/14-33-00010

www.pefc.org

Índice

BIENVENIDA

Querida lectora, querido lector:

Quizás has llegado a este libro abrumado por la avalancha de noticias sobre los graves problemas medioambientales que nos están causando los plásticos. Desde la omnipresente contaminación plástica que nos rodea, pasando por la ingestión de microplásticos en nuestra cadena alimentaria, hasta las vastas islas de plástico en los océanos y las tortugas atrapadas en trampas mortales de plástico. Con la esperanza de encontrar soluciones a los problemas derivados del consumo de plásticos, te has interesado por este libro titulado *Un mundo sin plásticos, ¿es posible?*

¿Es posible un mundo sin plásticos? Aunque muchos creen que es necesario para el futuro de nuestros hijos y nietos, la realidad es que NO, no es posible un futuro sin plásticos. La humanidad tendrá que convivir con ellos a corto, medio y largo plazo. Como dijo el premio Nobel Paul Flory: "Nuestra era será recordada como la era de los polímeros".

Puede que te sientas decepcionado o incluso engañado, pero te pido que le des una oportunidad a este libro. No te arrepentirás. De hecho, es probable que termines uniéndote al Club de Amigos de los Plásticos.

Este libro explora la dualidad de los plásticos en la sociedad moderna, destacando tanto sus beneficios como los desafíos que presentan. A través de un enfoque multidisciplinario, analizamos cómo los plásticos han revolucionado diversos sectores y profundizamos en los desafíos ambientales asociados, como la contaminación por microplásticos, los residuos plásticos y las dificultades del reciclaje. Presentamos soluciones innovadoras basadas en la economía circular y discutimos políticas y prácticas que pueden mitigar el impacto ambiental de los plásticos y favorecer su uso responsable para un futuro más sostenible.

A medida que avances en la lectura, te adentrarás en la realidad de los plásticos, comprenderás mejor su historia, cómo se fabrican, se clasifican y se aplican. No será un manual formativo, sino un recorrido lleno de historias. Realizaremos un viaje histórico acompañado de relatos personales que demuestran cómo los plásticos nos rodean y facilitan nuestra vida, haciéndola más segura y cómoda.

Juntos exploraremos el papel de los plásticos en nuestro día a día: en casa, en el trabajo, en los hospitales, comercios, coches y todo nuestro entorno. Veremos cuáles son los más importantes y analizaremos su historia. Demostraremos cómo los plásticos han salvado miles de vidas y han generado nuevas posibilidades para mejorar nuestras vidas.

En resumen, *Un mundo sin plásticos, ¿es posible?* ofrece una visión integral de los plásticos, explorando su historia, aplicaciones y desafíos. Invita a reflexionar sobre su papel en nuestras vidas y a considerar cómo podemos contribuir a un uso más sostenible y consciente de estos materiales. Al finalizar este viaje, no solo habrás adquirido un conocimiento profundo de este universo plástico, sino que habrás desarrollado una nueva perspectiva para valorar estos materiales. Los plásticos han sido, son y serán claves en el mundo en el que vivimos.

Permíteme ser tu guía en esta ruta de descubrimiento, donde cada página te ayudará a comprender mejor el fascinante mundo de los polímeros. Al finalizar esta travesía, no solo habrás adquirido un conocimiento profundo de este universo plástico, sino que habrás desarrollado una nueva perspectiva para valorar estos materiales. Los plásticos han sido, son y serán claves en el mundo en el que vivimos.

¿PLÁSTICOS O POLÍMEROS?

Estoy seguro de que en algún momento del día habéis tenido entre las manos un plástico. Quizás era transparente u opaco, duro o blando, resistente o frágil. Tal vez destacaba por su capacidad para estirarse. En ese momento, estabas experimentando una de las principales ventajas de los plásticos: su enorme versatilidad.

Otra propiedad que los distingue de otros materiales es su bajo peso. Esta característica, combinada con la gran resistencia de algunos plásticos, los hace ideales para ciertas industrias, como la automovilística. Además de ser livianos y resistentes son moldeables, lo que los convierte en materiales perfectos para una amplia variedad de aplicaciones.

Una cuarta propiedad muy destacable es su durabilidad. Sin embargo, lo que inicialmente era una ventaja se ha vuelto en su contra, especialmente en los últimos años, cuando su principal aplicación se ha centrado en plásticos de un solo uso y embalajes, generando un creciente problema ambiental.

En 1907, Leo Baekeland nos abrió de par en par el mundo de los plásticos sintéticos creados exclusivamente por la mano del hombre. La baquelita, aunque no fue el plástico definitivo que permitió la explosión de los plásticos (algunos atribuyen este papel al PVC), sí fue el primero de su tipo. Hoy en día, los polímeros, o plásticos, son protagonistas indiscutibles de nuestras vidas, presentes en prácticamente todo lo que nos rodea.

Se estima que la producción mundial de plástico alcanzó los 400 millones de toneladas el último año. En 1997 el grupo Aqua popularizó la canción *Barbie Girl*, y sobre todo su icónico verso "life in plastic, it's fantastic", donde se aventuraba una vida "en plástico" como un auténtico paraíso. Lo cierto es que, en aquella década, la de los noventa, la generación de residuos plásticos triplicó lo producido en las dos décadas anteriores y así continuó, con un crecimiento exponencial hasta nuestros días. Según algunas estadísticas, entre 1950 y 2017 se fabricaron más de 9 000 millones de toneladas de plásticos, generando más de 6 000 millones de toneladas métricas de residuos plásticos.[1] Sin embargo, solo el 9 % de estos residuos ha sido reciclado.

---

1. Roland Geyer; Jenna R. Jambeck; Kara Lavender Law (2017). "Production, use, and fate of all plastics ever made", *Science Advances*, 19 de julio. En línea: <https://www.science.org/doi/10.1126/sciadv.1700782>.

En menos de un siglo, el Plasticeno, es decir, la nueva era de los plásticos, se ha consolidado. Nunca antes, un material había conquistado el mundo en el que vivimos tan rápido.

A continuación, exploraremos la fascinante historia de los plásticos desde sus inicios hasta nuestros días, descubriendo cómo estos materiales han transformado nuestra vida cotidiana.

Primera parte

HISTORIA PLÁSTICA

VIAJE AL PASADO: UN MUNDO SIN PLÁSTICOS

I nicié el día sin plan, pero pronto Conches nos propuso uno: ir al HDP,[2] bar situado en el corazón del barrio de Gracia que destaca por la cantidad de billares que alberga; todo un paraíso para los amantes del tapete verde.

El HDP (os dejo que interpretéis libremente el origen de su nombre), se dividía en dos espacios. Entrando a la izquierda se encontraba la zona de bar, en la cual destacaba la barra central, rodeada por varias mesas. La zona derecha estaba franqueada por ocho billares, divididos en dos áreas. El espacio principal tenía seis y la zona más alejada, los dos restantes. En esta zona podías encontrar una combinación de billares americanos y billares clásicos. Si el billar era tu pasión, el HDP era tu punto de encuentro.

---

2. HDP Billar. En línea: <https://hdpbillar.com/>.

Figura 1. Imagen del bar HDP. Fuente: web HDP (https://lc.cx/GYweC4)

Os he de confesar que nunca he sido un avezado jugador de billar, pero en esa época, mediados de los noventa, no se me daba del todo mal, y como dice el refrán: Querer y poder, hermanos vienen a ser.

Lo nuestro no era el billar artístico, ni mucho menos. Jugábamos a una variante del billar americano, la Bola 8, donde tras colocar las bolas en un triángulo, debías golpearlas para acabar metiendo las de un tipo (lisas o rayadas) de forma simultánea, hasta que finalmente metías la bola negra (bola 8) antes que tu contrincante.

En esa época no tenía ni idea de que ese tipo de billar se asemejaba al billar americano, ni tampoco conocía su origen. Algunos escritos remontan su origen al siglo XVIII en Estados Unidos e incluso mucho antes en Europa. Se han encontrado pruebas que demuestran que el presidente George Washington era un avezado jugador de billar.[3] Por cierto, el billar americano tiene su origen en Europa, aproximadamente en el siglo xv, donde se creó una variante de croquet de interior, simulando el césped con el tapete del billar.

En su desarrollo y evolución, fue muy importante la figura de Charles Goodyear, que, gracias al descubrimiento de la vulcanización del caucho en la década de 1840,[4] permitió incorporar a las bandas de los tapetes del billar unos delicados y elásticos cojines de goma que permitían el rebote de la bola. Pero si hubo una figura clave, por varios motivos, fue el irlandés Michael Phelan, al que muchos consideran el padre del *pool* (billar americano).

Tal era la importancia del billar en esa época que podía llegar a mover cantidades de dinero inimaginables. Así, en 1850 el mismo Phelan junto a Jim Seereiter participaron en un torneo en Detroit por la descomunal cifra de 15 000 dólares (equivalente a unos 500 000 dólares de hoy en día).

A mediados del siglo xix, toda casa de alta cuna que se preciara poseía una mesa de billar. Esta alta demanda vino

---

3. Mike Shamos (1993). *The Illustrated Encyclopedia of Billiards*. The Lyons Press.

4. Mary Bellis (2021). "John Dunlop, Charles Goodyear, and the History of Tires", *ThoughtCo*, 23 de enero. En línea: <https://www.thoughtco.com/john-dunlop-charles-goodyear-tires-1991641>.

acompañada de un contratiempo que se agravaba año a año: el amplio consumo de marfil necesario para hacer las bolas de billar. Esto generó un problema de suministro de este preciado material y, además, una amenaza para la fauna portadora del marfil, sobre todo tortugas y elefantes. El marfil en esa época estaba de moda, pero escaseaba. Su obtención era dramática y cruel, porque implicaba la caza de elefantes y otros animales. Encontrar un sustituto era menester para solucionar el problema de abastecimiento. Además, su potencial sustituto implicaría, a su vez, salvar la vida de muchos elefantes, es decir, un claro impacto positivo en la naturaleza, algo de lo que el plástico puede alardear a lo largo de la historia.

En 1867 el *New York Times* alertaba del grave peligro que acechaba a los elefantes de ser "contados entre especies extintas" debido a la insaciable demanda humana del marfil de sus colmillos. En aquella época, el marfil se utilizaba para todo tipo de cosas, desde cajas hasta teclas de piano o peines, siendo uno de sus principales usos las bolas de billar. El periódico *Times* advertía en otro artículo sobre la isla de Ceilán, principal fuente del marfil con el que se fabricaban las mejores bolas de billar, que "tras la recompensa de unos pocos chelines por cabeza ofrecida por las autoridades, los nativos enviaron 3 500 paquidermos en menos de tres años".

En total, la industria del marfil de la segunda mitad del siglo XIX demandaba cerca de medio millar de toneladas de marfil, lo que la convertía en insostenible para la supervivencia de los grandes paquidermos. Y no solo los elefantes padecían penurias porque la naturaleza les había provisto de majestuosos colmillos de marfil. La tortuga carey también arrastraba un tesoro con ella, un magnífico caparazón utilizado por los insaciables e insatisfechos humanos para fabricar peines. Estos mismos artilugios también usaban cuerno de ganado, empleado desde antes de la Guerra de la Independencia y que en esa época comenzaba a escasear a medida que los ganaderos dejaban de descornar a su ganado. "Mucho antes de que los elefantes ya no existan y los mamuts se agoten", esperaba (o deseaba) el *Times*, "se podrá encontrar un sustituto adecuado". Por suerte, este sustituto llegó.

Con el objetivo de solucionar el dilema del marfil, el maestro Phelan ofreció "una hermosa fortuna", 10 000 dólares en oro, a la persona que con su pericia fuera capaz de descubrir un sustituto óptimo del marfil adecuado para fabricar bolas de billar. Phelan seguramente no fue consciente de que su recompensa fue clave en el nacimiento de la era de los plásticos.

Gracias a Phelan y su magnífica recompensa, nació el celuloide, material que tuvo un nacimiento de película. Así, John Wesley Hyatt, inspirado por la gigantesca recompensa, fue capaz de encontrar un material sustituto del marfil y, por tanto, fue el teórico ganador del reto de Phelan. Decimos teórico porque se duda de que finalmente fuera merecedor de la recompensa, ya que las bolas de billar de celuloide, por diversas carencias, no acabaron de copar los tapices de billar: carecían de rebote y en contacto con otras bolas producían un ruido similar al de una explosión. Según escribió un tabernero de Colorado, "cada vez que las bolas chocan, todos los hombres en la sala sacan su arma".[5]

Hyatt, un joven impresor oficial ubicado en el estado de Nueva York, leyó el anuncio, y la exorbitante cantidad ofrecida por Phelan fue un caramelo que deseaba poseer y saborear. Hyatt, curiosamente, no tenía una educación formal en química, pero lo que sí que tenía era un don para la invención: a la temprana edad de veintitrés años, había patentado un afilador de cuchillos. Se puso manos a la obra y comenzó de forma muy arriesgada, experimentando con diferentes componentes y el llamado algodón de pólvora, una explosiva combinación altamente inflamable de ácido nítrico y algodón. Instalado en una choza detrás de su casa, experimentó con varias combinaciones de solventes y una mezcla pastosa hecha de ácido nítrico y algodón. Por cierto, durante un tiempo se usó esta combinación explosiva como sustituto de la pólvora hasta que los productores se cansaron de que sus fábricas explotaran. Finalmente, Hyatt logró su objetivo: descubrió el celuloide.

Y es que, hasta el siglo xix, existió un mundo sin plásticos básicamente porque el primero, el celuloide, no se había descubierto. Es más, podríamos considerar que hasta el primer cuarto del siglo xx vivíamos en un mundo sin plásticos, porque su influencia era mínima. Exactamente fue en 1920, cuando un respetable profesor del Instituto

---

5. Susan Freinkel (2011). "A Brief History of Plastic's Conquest of the World", *Scientific American*, 29 de mayo. En línea: <https://www.scientificamerican. com/article/a-brief-history-of-plastic-world-conquest/>.

Politécnico de Zúrich, Hermann Staudinger,[6] publicó el primer artículo sobre la teoría macromolecular, donde se planteaba la existencia de largas cadenas de muy alto peso molecular unidas mediante enlaces covalentes, es decir, los átomos entre cadenas compartían electrones.

Quizás la afirmación de que vivíamos en un mundo sin plásticos la tenga que matizar, porque realmente vivíamos en un mundo sin plásticos sintéticos, ya que los plásticos naturales sí que existían. La naturaleza siempre va un paso por delante y ya se había encargado de fabricar el caucho natural, la caseína, y muchos otros polímeros. Es más, muchos piensan que los plásticos son materiales antinaturales. Quizás no estén equivocados al pensar en los microorganismos como basureros biológicos. Estas diminutas entidades no tienen afinidad por las largas cadenas de polímeros, lo que hace que la degradación de plásticos sea un proceso muy difícil y lento en las últimas etapas de su ciclo de uso. De todos modos, es importante resaltar que la naturaleza ha estado tejiendo polímeros desde el comienzo de los tiempos. Todo organismo vivo se compone de macrocadenas moleculares; desde la celulosa, clave en la formación de las paredes celulares de las plantas, hasta las proteínas que forman nuestros músculos y nuestra piel y, sobre todo, construyen la molécula de la vida: el ADN.

La época victoriana ya había quedado fascinada con los plásticos, en concreto con el caucho y la goma laca. El his-

---

6. "Hermann Staudinger Biographies", *Science History Institute*. En línea: <https://www.sciencehistory.org/education/scientific-biographies/hermann-staudinger/>.

toriador Robert Friedel[7] ya nos advertía cómo estos materiales consiguieron ser importantes en este periodo, superando los incómodos límites que encontraban otros materiales que en el siglo xix eran muy importantes, como la madera, el hierro y el vidrio.

La naturaleza, siempre generosa, nos mostraba por primera vez materiales maleables y que, a su vez, eran susceptibles de endurecerse, permitiéndonos tener una forma final definida. Podemos considerar que la época victoriana marca el inicio del crecimiento exponencial de la industrialización, el momento de cambio entre un pasado artesanal y un futuro tecnificado. Así, de repente, comienzan a aflorar decenas de patentes basadas en materiales como el corcho, el serrín, el caucho y las gomas. El punto común de estas patentes es que permitían producir materiales que tenían algunas de las cualidades que ahora atribuimos al plástico. Estos prototipos no tuvieron mucha continuidad más allá de, por ejemplo, estuches de daguerrotipos,[8] pero sí que comenzaron a escribir la historia que vendría a continuación.

El plástico, tanto en su uso masivo como en su denominación, se popularizaría en el siglo siguiente. Sin embargo, las primeras ideas y sueños sobre este material comenzaron en esta época, sentando las bases para la revolución de los plásticos que transformaría el mundo en el siglo xx.

---

7. Robert D. Friedel (1983). *Pioneer Plastic: The Making and Selling of Celluloid*. University of Wisconsin Press.

8. *Foticos Collection*. En línea: <https://foticoscollection.com/es/item/daguerrotipo-coloreado-con-estuche-pintado-a-mano/11723>.

UNA HISTORIA DE PELÍCULA

E n palabras del gran Sir Alexander Fleming "a veces uno realiza un hallazgo cuando no lo está buscando". Es curioso que el primer plástico sintetizado por la humanidad, que tuvo como objetivo conquistar los tapetes de billar, acabara dando nombre a la industria del cine. Quizás ya se estaba aventurando el protagonismo principal que tendría en la película de nuestras vidas el mundo de los plásticos.

John Wesley Hyatt,[9] con ayuda de su hermano, obtuvo el sustituto del marfil gracias a una hábil combinación de celulosa, derivada de la fibra de algodón, y el alcanfor. El celuloide se puede considerar el primer material termoplástico,[10] ya

---

9. "John Wesley Hyatt", *National Inventors Hall of Fame*. En línea: <https://www.invent.org/inductees/john-wesley-hyatt>.

10. "Termoplástico", *Wikipedia*. En línea: <https://es.wikipedia.org/wiki/Termopl%C3%A1stico>.

que con la aplicación de calor era capaz de ser moldeado e incluso remoldeado.

Hemos de matizar que tuvo un precursor, la parkesina, descubierta por el inglés Alexander Parkes[11] en 1856. Parkes no halló uso para su material, ya que no encontró disolvente que pudiera transformar la nitrocelulosa que la componía en un material moldeable. Finalmente, acabó vendiendo la patente a los hermanos Hyatt, que la modificaron con añadidos de tintes y otros agentes para facilitar su moldeado hasta convertirla en un material lo suficientemente atractivo como para ser comercializado. En paralelo, coetáneo al celuloide, se descubrió la xilonita, un material casi idéntico del cual intentó sacar provecho el cazarrecompensas Daniel Spill, un vendedor venido a menos con ganas de pegar el clásico pelotazo. Spill, con su nuevo material, demandó a los hermanos Hyatt, que, por entonces, habían "viralizado" el celuloide, encontrándole aplicación en la industria de los implantes dentales y otros productos como gafas, peines, teclas de piano, etc.

La demanda casi llega a buen puerto, lo cual hubiera significado la ruina de los Hyatt y quizás hubiera modificado la historia de los plásticos para siempre. Por suerte, Spill no triunfó y la innovación y desarrollo de los plásticos se inició en una carrera imparable que continuó, pese a los obstáculos, hasta nuestros días. Como dice el refrán: El que tropieza y no cae, adelanta camino.

---

11. "Alexander Parkes", *Viquipèdia*. En línea: <https://ca.wikipedia.org/wiki/Alexander_Parkes>.

Finalmente, los hermanos Hyatt pudieron patentar su descubrimiento, encontrándole aplicación, por ejemplo, en la industria de peines, ya que, en palabras propias reinterpretadas por el autor, el celuloide se podía mojar y no se formaba una pasta, como la madera. Además, no se corroía, como el metal. Ni se volvía quebradizo, como el caucho. A esto había que sumarle que su homónimo natural, el marfil, tendía a agrietarse y decolorarse, cosa que no hacía el celuloide. Como defendió el mismo Hyatt en la solicitud de patente[12] de este preciado material: "obviamente, ninguno de los otros materiales... produciría un peine que poseyera las excelentes cualidades y superioridades inherentes de un peine hecho de celuloide".

Los hermanos Hyatt "descubrieron" un plástico que podía fabricarse en una variedad de formas e imitar sustancias naturales como el carey, el cuerno, el lino o el marfil: así, podía adquirir los ricos tonos cremosos y las estrías de los mejores colmillos de la isla de Ceilán. Emulaba al carey cuando se moteaba en colores marrones o ámbar. Trazado con vetas, imitaba al mármol. Incluso llegó a ser comercializado como falso marfil francés o falsas piedras preciosas, cuando se coloreaban con los colores brillantes del coral, el famoso azul lapislázuli o la cornalina. También se llegó a ennegrecer para asimilarse al ébano o el azabache. Todo un maestro del camuflaje.

Como os podéis imaginar, el descubrimiento fue muy celebrado, sobre todo por algunas especies animales como

---

12. U.S. Patent n.º 88,633

el elefante o las tortugas. "Así como el petróleo ayudó a la ballena", clamaba Hyatt en uno de los folletos de promoción de su producto, "el celuloide ha dado al elefante, a la tortuga y al insecto coralino un respiro en sus lugares nativos; y ya no será necesario saquear la tierra en busca de sustancias que cada vez son más escasas".

Este hallazgo fue revolucionario. La humanidad daba los primeros pasos a una nueva época dominada por un nuevo tipo de material: los plásticos. Esta vez el material no provenía de la propia naturaleza, como el caso del acero o el hierro, sino que se creaba artificialmente por el hombre. ¡Bendita química!

Sabemos que muchas de las edades de la prehistoria se ligaron al descubrimiento de ciertos materiales, desde la Edad del Hierro a la Edad del Bronce, pasando por la Edad del Cobre. Pero estos materiales tenían un gran hándicap; estaban ligados a las restricciones naturales, a la escasez de recursos materiales.

Con la creación de los primeros plásticos y los que vendrían después, nos quitábamos el yugo de la escasez de los materiales, lo que implicaba liberar a las personas de las limitaciones sociales y económicas impuestas por la carencia de estos recursos. El celuloide, asequible económicamente, hizo que la riqueza material fuera más amplia y accesible, dando el pistoletazo de salida a la gran edad de los plásticos.

Como señaló el historiador Jeffrey Meikle en su visionaria historia cultural *American Plastic*: "Al reemplazar materiales que eran difíciles de encontrar o costosos de procesar, el celuloide democratizó una gran cantidad de bienes para una clase media en expansión orientada al consumo".[13] El celuloide abrió las puertas a una nueva sociedad basada en el consumo y la creciente demanda y, al mismo tiempo, mantenía bajos los costos. Al igual que los otros plásticos que le sucedieron después, el celuloide dilató los estratos sociales, ampliando la base de la clase media. Sin duda alguna, inició un cambio de paradigma en la sociedad de finales del siglo xix y principios del siglo xx. El plástico llamaba a la puerta de nuestros hogares. Pero, en sus inicios, la sociedad todavía se preguntaba, ¿qué era ese nuevo material? Esa sustancia moldeable y adaptable que daba sus primeros pasos tímidamente.

No sé si lo sabéis, pero su nombre, *plástico*, proviene del verbo griego *plassein,* cuyo significado es "moldear o dar forma". Los plásticos mostraban curiosas formas compuestas de interminables cadenas de átomos o pequeñas moléculas unidas singularmente, formando patrones repetitivos. Moléculas gigantes (o macromoléculas como posteriormente se nombraron) majestuosas que simulan un enorme tren lleno de incontables vagones que estaba a punto de iniciar uno de los viajes más impactantes de la historia de los materiales.

En los anexos del libro os explico qué es el celuloide y cómo lo lograron sintetizar los hermanos Hyatt. A modo de pequeña introducción, es el nombre comercial del ma-

---

13. Jeffrey Meikle (1997). *American Plastic: A Cultural History.* Rutgers University Press.

Figura 2. Imagen de una cinta antigua de película. Fuente: Pixabay (https://pixabay.com/es/illustrations/resumen-antecedentes-textura-grunge-1654671/)

terial plástico conocido como nitrato de celulosa, que se obtiene mezclando nitrocelulosa y alcanfor. Por lo tanto, es un derivado de un polímero natural, la celulosa, que podemos encontrar en la madera, el papel y el algodón.

El camino del celuloide en el mundo del billar fue corto, pero su nombre se asocia automáticamente al mundo del cine, incluso le da nombre. ¿Por qué?

Pocos años después de su descubrimiento, en 1887, el sacerdote episcopal estadounidense Hannibal Williston Goodwin[14] le dio un uso muy creativo al material: usó el celuloide plastificado como soporte para película fotográfica. Esto significó una revolución en el campo de la fotografía y abrió de par en par la industria del cine, presentando de

---

14. "Hannibal Goodwin patents celluloid photographic film (used in Thomas Edison's Kinetoscope) in 1887", *World Creativity Science Academy*, 2 de mayo de 2022. En línea: <https://wcsa.world/news/world-almanac-achievement-academy/wcsa-on-this-day-may-02-2022-hannibal-goodwin-patents-celluloid-photographic-film-used-in-thomas-edison-s-kinetoscope-in-1887>.

forma oficial la primera película en 1897, gracias a Louis y Auguste Lumière y su film *La sortie de l'usine Lumière à Lyon* (o *La salida de los obreros de la fábrica Lumière en Lyon*).[15]

Antes de hablar de la historia de los Lumière, volveré a Hyatt para poner en contexto la revolución de la fotografía. Con el celuloide ya consolidado, el despacho-laboratorio de Hyatt se convirtió en un lugar de peregrinación de locos y soñadores. Distintos personajes con ideas peregrinas visitaban su laboratorio para dar nuevos usos a su icónico material. Una de estas visitas tuvo como protagonista a George Eastman a mediados de 1880.

Eastman, fabricante de cámaras, tenía una idea entre ceja y ceja: sustituir las cámaras de fotos pesadas y caras por otras más compactas. Todos los caminos al sueño de Eastman conducían a Hyatt y, más concretamente, a su invención. Las cámaras de la época se componían de madera y metal, y eran muy grandes y pesadas. Las placas fotográficas estaban hechas de vidrio recubierto con un gel sensible a la luz. Estas placas eran caras y su transporte costoso, limitando su número a pocas unidades, diez o quizás quince, en cada traslado. Además, logísticamente era complicado su transporte, ya que implicaba la necesidad de un animal de carga o varios criados. La fotografía se consideraba un lujo al alcance únicamente de las personas más pudientes. Eastman quería democratizar su uso. Deseaba que el pueblo llano tuviera acceso a este bello pasatiempo.

---

15. *La sortie de l'usine Lumière à Lyon*. En línea: <https://www.youtube.com/watch?v=HI63PUXnVMw>.

La idea inicial consistía en reemplazar el vidrio por celuloide. Hyatt se dedicó a esta tarea y logró fabricar celuloide de poco grosor. A su vez, desarrollaron cámaras compactas más ligeras. Gracias a estos avances, Eastman pudo colocar la emulsión fotográfica en una cinta larga y flexible, lo que le permitió tomar varias fotografías simultáneamente, enrolladas en una pequeña lata. Incluso le dio un nombre: Kodak. Así nació en 1888 la primera cámara compacta, democratizando la fotografía y permitiendo que nuestra historia quedara retratada para siempre.[16]

Con el invento de la cámara Kodak, George Eastman[17] cosechó innumerables beneficios para su compañía, convirtiéndose en una persona multimillonaria. Eastman fue un individuo excepcional. Por ejemplo, pensando en su comunidad, fundó una oficina de investigación municipal en Rochester "para servir como una agencia independiente y no partidista que mantuviera informados a los ciudadanos". Además, donó generosamente, utilizando el curioso seudónimo Sr. Smith, 100 millones de dólares a diversas organizaciones,[18] destacando la Universidad de Rochester, el Instituto Tecnológico de Massachusetts, el Instituto Tuskegee y el Instituto Hampton de Alabama y Virginia. Por

16. *From the Camera Obscura to the Revolutionary Kodak*. Eastman Museum. En línea: <https://www.eastman.org/camera-obscura-revolutionary-kodak>.

17. "George Eastman, Kodak y el nacimiento de la fotografía de consumo". ACS Chemistry for Life. En línea: <https://www.acs.org/education/whatischemistry/landmarks/historia-quimica/eastman-kodak.html>.

18. "George Eastman", *Wikipedia*. En línea: <https://es.wikipedia.org/wiki/George_Eastman>.

Figura 3. Placa de Eastman en el MIT. Fuente: Wikimedia(https://lc.cx/ZRuu0E)

todas estas acciones, Eastman se ganó el título de "uno de los mayores filántropos de Estados Unidos en vida". Como anécdota final, los estudiantes del MIT frotan la nariz de su imagen, en la placa que el instituto hizo en su honor, para atraer buena suerte.

Respecto a los hermanos Auguste y Louis Lumière, su descubrimiento no fue fruto de la casualidad. Además de su apellido premonitorio relacionado con la luz, había una historia familiar que se convirtió en el caldo de cultivo perfecto para lo que la historia estaba a punto de inmortalizar. Su padre era un retratista muy reconocido en Lyon. Con una visión empresarial aguda, propuso un producto innovador: fotografías de tamaño carnet vendidas a un franco la docena. Louis Lumière comenzó las primeras pruebas en 1881 con el objetivo de detener las fotos y convertirlas en "instantáneas", capturando el momento. Como dice el refrán: De tal palo, tal astilla. Gracias al éxito familiar, el padre construyó en el barrio de Monplaisir de Lyon, a finales del siglo xix, la mayor fábrica de fotografía de Europa. Casi nada. Su marca de placas fotográficas se conocía como Etiqueta Azul por el color de la caja que las transportaba.

Los Lumière no tuvieron suficiente y gracias al conocimiento científico detrás de la teoría óptica, que inició una carrera imparable para el desarrollo de todo tipo de artilugios ópticos, inventaron el cinematógrafo. Este ingenioso aparato consistía en una simple caja de madera con un objetivo y una película perforada de 35 milímetros en su interior. Mediante un sencillo mecanismo de manivela, se capturaban fotografías instantáneas que luego se proyec-

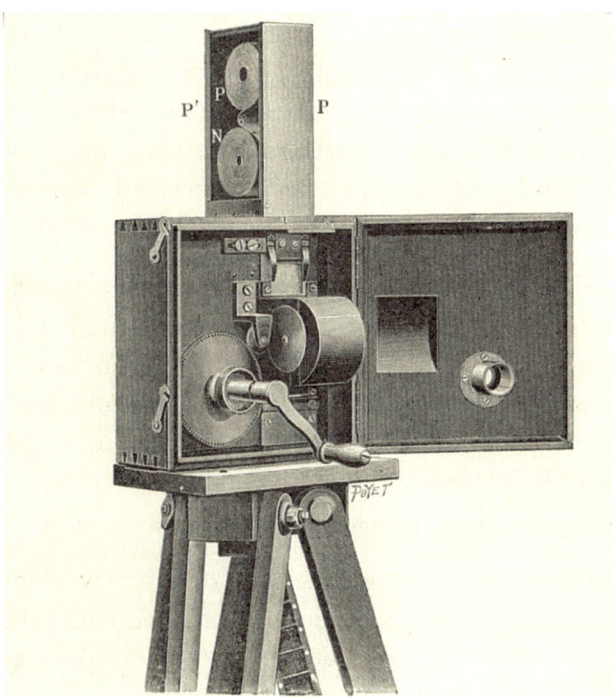

Figura 4. Cinematógrafo, inventado por los hermanos Lumière en 1895. Fuente: Wikimedia (https://commons.wikimedia.org/wiki/File:Cinematograf-Project3.jpg)

taban en secuencia sobre una pantalla. Cada secuencia no duraba más de un minuto. Así nació el cine.

La fábrica de los hermanos Lumière se convirtió en el primer estudio cinematográfico de la historia. Fue allí donde crearon la icónica composición que pasaría a la historia del cine: "Salida de la fábrica Lumière". Esta película se estrenó el 28 de diciembre de 1895 en el Salón Indio del Gran

Café de París. Imaginad las expresiones de asombro en el público al ver el movimiento proyectado; quizás algunos pensaron que era una broma típica del Día de los Inocentes. Sin embargo, lo que nadie pudo anticipar fue cómo esa proyección abriría de par en par las puertas de la historia y daría vida al mundo retratado en silencio y quietud.

Los orígenes del celuloide fueron complejos, pero acabó reconduciendo su camino hacia la gran pantalla e incluso le dio nombre a la industria del cine. Curiosamente, Hollywood se inauguró pocos años después del descubrimiento del celuloide. Y quien sabe, quizás sin este preciado material, Hollywood no hubiera sido nunca tal y como lo conocemos hoy en día.

No nos podemos hacer a la idea de lo que supuso el impacto de la industria del celuloide. En una pequeña pantalla, delante de nuestros ojos, nuestros sueños, ilusiones, temores y metas cobraban vida, mientras seres reales de carne y hueso nos embelesaban. Además, el cine sirvió como un nivelador social: destronó a una élite excluyente. El glamur que antes se asociaba con la clase y la posición social ahora estaba al alcance de todos, incluso de los que menos recursos tenían. Cualquiera podía disfrutar de las locuras de Buster Keaton o escuchar por primera vez una voz en pantalla, como las pronunciadas por Al Jolson en la primera película sonora: "Espera un minuto, espera un minuto, todavía no has oído nada".[19]

---

19. Al Jolson en el film *The Jazz Singer*, 1927. En línea: <https://www.youtube.com/watch?v=KCX9CRvI8EQ>.

Figura 5. Cartel de Hollywood. Fuente: Pixabay (https://pixabay.com/es/photos/hollywood-estados-unidos-los-angeles-573444/)

Efectivamente, el celuloide desempeñó un papel fundamental en el cinematógrafo de los hermanos Lumière y en la creación de la industria cinematográfica. Sin embargo, a pesar de haber dado nombre al cine, su uso fue decayendo significativamente desde sus inicios hasta los principios del siglo xx debido a los riesgos de ignición asociados al uso del material. La Health and Safety Executive[20] incluso emitió recomendaciones específicas para quienes aún conservan películas de este material. Por suerte, la tecnología logró evolucionar y las películas se convirtieron en parte de la historia de nuestras vidas.

20. "The dangers of cellulose nitrate film". La Health and Safety Executive, 2013. En línea: <https://www.hse.gov.uk/pubns/indg469.htm>.

El celuloide, también conocido como nitrocelulosa, presentaba varios problemas significativos en el ámbito cinematográfico. Por encima de 38 °C podía descomponerse o arder espontáneamente. Esto suponía un riesgo real para la seguridad en el manejo y almacenamiento de las películas. No solo eso, además no necesitaba oxígeno para reaccionar, ya que lo autogeneraba, lo que aumentaba la probabilidad de incendio. A esto debemos añadir que, durante su descomposición, el celuloide liberaba dióxido de nitrógeno, un gas altamente venenoso. Esto planteaba riesgos para quienes trabajaban con estas películas. Además, se descomponía con facilidad en ambientes húmedos, lo cual afectaba a su durabilidad y a su conservación a lo largo del tiempo. En resumen, toda una joya. Lamentablemente, debido a estos defectos, se estima que, según el famoso director Martin Scorsese, menos de la mitad de las películas filmadas antes de 1950 han sobrevivido hasta hoy, y solo alrededor del 10 % del cine mudo se ha conservado.[21] Es, sin duda, una pérdida inestimable para la historia del cine.

Una de las primeras películas proyectadas para el gran público tuvo consecuencias trágicas. Durante la Belle Époque parisina, la aristocracia se congregó en uno de esos eventos que la alta alcurnia no se podía perder, a riesgo de ser tachado de plebeyo: el gran Bazar Benéfico de París,

---

21. Raeanne Marsh (2010). "Scorsese's Film Foundation Preserving Lifetime of Movies". *The Film Foundation*, 20 de setiembre. En línea: <https://www.film-foundation.org/preserving-a-lifetime-of-movies>.

un evento que se realizaba todos los años desde 1885 para obras de caridad y una ocasión sin parangón de mostrar la bonhomía de la aristocracia parisina. El año en cuestión, 1897, coincidió con el auge del gran invento de los hermanos Lumière, el cinematógrafo. Para la ocasión, se prepararon dos pequeñas películas que se proyectarían en un escenario especialmente construido. Este decorado combinaba una estructura de madera con un techo de cartón alquitranado. En su interior, lo que inicialmente parecía un escenario de opereta inspirado en la Edad Media parisina, se convirtió, *a posteriori*, en una trampa mortal.[22]

Más de un millar de personas, la *crème de la crème* de París, no quiso perderse este evento. En sus primeras etapas de desarrollo, el proyector de los Lumière tenía algunas carencias, por ejemplo, requería de una lámpara de éter para su iluminación. Durante el evento, una combinación de factores inició la tragedia: la lámpara falló y el asistente del proyeccionista tuvo la brillante y trágica idea de encender una cerilla. Esto generó una llamarada que entró en contacto con la nitrocelulosa, convirtiendo el lugar en una trampa letal. Se estima que 126 personas perdieron la vida y hubo cerca de 200 heridos, en su mayoría mujeres y niños. Esta fue una de las múltiples tragedias relacionadas con el celuloide. Entre 1896 y 1907, solo en los Estados Unidos, se produjeron cerca de un millar incendios en

---

22. Jean-Marie Michel. "Les problemes du celluloïd: 2. L'inflammabilite", *Contribution à l'histoire industrielle des polymères en France*. En línea:<https://new.societechimiquedefrance.fr/wp-content/uploads/2021/05/a_1_324_200.vfx2_sav.pdf>.

salas de cine. Las cifras alcanzaron niveles alarmantes en 1927, cuando al menos dos cines ardían diariamente.

Sin embargo, paradójicamente, fue Kodak, nuestro antiguo protagonista, quien detuvo esta serie de desastres. Kodak reemplazó el material volátil del celuloide por otro más seguro: el acetato de celulosa. Aunque el acetato no alcanzaba la calidad de su predecesor, al menos no era explosivo.

El celuloide, una vez héroe de animales "marfilados" y actor principal de Hollywood, acabó en el olvido y fue crucificado, pero su legado dio lugar a una de las mayores revoluciones en la historia humana: la era de los plásticos.

¡LA LECHE!

Me encontré la cocina patas arriba. Goterones blancos se repartían por el suelo. Sobre la mesa había varios recipientes, vinagre y leche.

—¿Qué hacéis? —grité, sobresaltando a los niños.

—Papá, estamos experimentando —se quejó Rubén.

—Estamos fabricando plástico, tal y como nos enseñaste en clase el otro día cuando viniste al cole. ¿No quieres que nos guste la ciencia?, pues estamos haciendo ciencia —protestó Berta.

Así es. Berta y Rubén estaban realizando un experimento de la maleta KitMater,[23] con el que combinando vinagre y leche

---

23. "Polímeros". Materland. En línea: <https://materland.sociemat.es/wp-content/uploads/2022/10/06Polimeros.pdf>.

se puede fabricar un plástico gracias a un componente natural de los lácteos, la caseína. El experimento es muy sencillo: calentamos la leche y le agregamos un ácido (ácido acético del vinagre), facilitando la polimerización (la unión) de las moléculas (monómeros) de caseína para formar un conjunto de cadenas o polímero. Tras dos días de secado, logramos obtener un plástico a base de caseína. ¡Es la leche!

Dos días después del incidente culinario, Berta me detuvo en el pasillo y me preguntó:

—Papá, ¿el plástico de la leche ha quedado bien?

Le contesté afirmativamente y le consulté por qué me lo preguntaba. Ella respondió:

—Porque no lo puedes moldear, no puedes darle forma ni fabricar nada. Con los plásticos fabricamos bolsas o recipientes, pero este no funciona igual.

Le expliqué que el proceso de la polimerización que había tenido lugar no era suficiente. Los polímeros son de muchos tipos y se les añaden diferentes sustancias para permitir su consistencia, su manipulación, etc.

—¿Qué tipo de sustancias se añaden? —preguntó incisiva Berta.

—Se añaden ingredientes de todo tipo —contesté—. Desde plastificantes hasta catalizadores, pasando por estabilizadores, cargas, pigmentos, refuerzos o lubricantes. Distintos ingredientes para distintas aplicaciones y propiedades. Un día tranquilamente te lo explico. Ahora vamos a cenar.

Querido lector y querida lectora, si no deseas esperar para conocer cómo se utilizan estos compuestos en la industria del plástico, puedes ir directamente a los anexos del libro. Allí encontrarás las respuestas que anhelas. ¡Sigamos adelante! El que esperar puede, alcanza lo que quiere.

La fabricación de plástico a partir de la leche no es algo excepcional. De hecho, en los albores de la era moderna de los plásticos, poco después del descubrimiento de la parkesina y el celuloide, se sintetizó la galatita a partir de suero de leche. En 1897, Adolph Spitteler y Wilhelm Kirsche combinaron suero de leche, plastificantes y formaldehído para crear un producto similar al marfil y el celuloide.[24]

LA GRAN EXPLOSIÓN

El celuloide, la parkesina o la galatita nos mostraron el camino para la obtención y fabricación de plásticos. Como ya hemos comentado anteriormente, la naturaleza ya nos proporcionaba varios polímeros, como el caucho o la celulosa. A partir de alguno de estos plásticos naturales, como la celulosa, la mano del hombre empezaba a escribir la historia de los plásticos. Sin embargo, ¿todos los plásticos sintéticos iniciales estaban bajo el yugo de los plásticos naturales? En 1907 Leo Baekeland respondió a esta pregunta con un NO gracias al descubrimiento de la baquelita, el pri-

---

24. W. Krische; A. Spitteler. "Casein Product," CA62490 (A), 1 de febrero de 1899.

mer plástico totalmente sintético.[25] Su invención superó las limitaciones de su predecesor, el celuloide. Este último, utilizado principalmente como sustituto del marfil, como ya hemos visto, tenía varios defectos, pero quizás el más destacado era el ruido y las explosiones que producía. Con el celuloide no se podía jugar al billar debido al estruendo que causaban las bolas de este material al chocar, lo que incluso provocó algunos tiroteos. Como dice el refrán: El ruido no hace bien; el bien no hace ruido.

La baquelita, aunque no tenía la precisión del celuloide para imitar materiales naturales, poseía una apariencia única que la diferenció, permitiendo una línea de productos asociada a su estilo. A pesar de su simplicidad, en palabras del escritor Stephen Fenichel, "tan simple como una frase de Hemingway", era resistente y con una elegancia singular. Sin embargo, su verdadera fortaleza radicaba en su capacidad para ser moldeada, característica que ha marcado la historia de los plásticos. Desde pequeños casquillos industriales hasta grandes ataúdes, la baquelita podía transformarse en prácticamente cualquier forma. Sus contemporáneos admiraron su versatilidad, impresionados por la habilidad de Baekeland para descubrir un material innovador y sorprendente.

La baquelita o polioxibencilmetilenglicolanhidrido fue el primer plástico totalmente sintético, lo que implicaba que

---

25. Leo H. Baekeland. "Method of making insoluble products of phenol and formaldehyde", *United States Patent Office*, 7 de diciembre de 1909. En línea: <https://upload.wikimedia.org/wikipedia/commons/4/43/Bakelite_Patent_US942699.pdf>.

no provenía de ningún polímero natural. Baekeland ya se había enriquecido con la invención del primer papel fotográfico que se podía imprimir con luz artificial,[26] el Velox, que vendió a George Eastman (Kodak). Parece que todos los caminos nos llevan a Kodak en estos primeros pasos de los plásticos sintéticos.

La baquelita, a diferencia de su predecesor el celuloide, no surgió de un juego como el billar ni de una recompensa considerable, sino de una necesidad más práctica. En el siglo XIX se utilizaba la goma laca como aislante eléctrico natural. Esta sustancia se obtenía de las secreciones pegajosas de la cochinilla laca (o *Kerria lacca*), un minúsculo insecto carmesí de origen asiático. A principios del siglo xx, la demanda de goma laca aumentó debido a sus excelentes propiedades aislantes. Sin embargo, había un grave problema de producción: se requerían 6 meses y 15 000 cochinillas para producir medio kilogramo de goma laca. Esto resultaba incompatible con la creciente demanda de electricidad que acompañó el inicio del siglo xx. La búsqueda de un aislante eléctrico más accesible y eficiente llevó al descubrimiento de la baquelita.

Leo Baekeland,[27] de origen belga pero afincado en Nueva York, podría ser considerado un visionario. La baquelita, producto que descubrió y patentó, se basaba en la mezcla

---

26. Sobre el papel Velox, se puede consultar: <https://ceres.mcu.es/pages/Main?idt=245438&inventary=1893/18-A/FF00007&table=FDOC&museum=MAN>.

27. "Leo Hendrik Baekeland", *Science History Institute*. En línea: <https://www.sciencehistory.org/education/scientific-biographies/leo-hendrik-baekeland/>.

de las sustancias orgánicas fenol y formaldehído, dando como resultado una teórica poco útil resina fenólica. Aunque inicialmente se desechaba debido a su molestia y dureza, ya que inutilizaba los recipientes de laboratorio donde se fabricaba, Baekeland, con ese toque visionario solo al alcance de los elegidos, transformó la resina fenólica en un producto comercial único. En 1910 fundó la Bakelite Corporation[28] para comercializar la baquelita. Esta resina se producía en tres tipos: A, B y C, cada una con características químicas y físicas distintas. Las inmortales palabras de su inventor, registradas en su diario, proclamaron lo siguiente: "A menos que esté muy equivocado, este invento será importante en el futuro".

La historia de Leo Baekeland es fascinante y nos lleva a su madre, quien desafió una tradición familiar, y al refrán "zapatero a tus zapatos". Aunque parecía destinado a seguir los pasos de su padre, un conocido zapatero en Gante, su madre lo inscribió en clases nocturnas en la Escuela Técnica Municipal. Leo demostró grandes aptitudes y recibió una beca para estudiar en la universidad de su ciudad natal. A los veintiún años, obtuvo un doctorado en química con honores *cum laude*. Después de su doctorado, cambió su residencia a Estados Unidos, donde alcanzó un éxito inimaginable. Como ya hemos comentado, patentó el papel fotográfico Velox,[29] que permitía el revelado con luz artificial (hasta entonces, se

---

28. Bakelite Synthetics. En línea: <https://bakelite.com/who-we-are/>.

29. "Guide to the Leo H. Baekeland Papers". Smithsonian Institution. En línea: <https://sova.si.edu/record/nmah.ac.0005>.

revelaba con luz natural, lo que implicaba una gran dependencia de las condiciones meteorológicas). Su invención fue tan importante que Kodak insistió en comprar la patente. A pesar de una primera negativa, Baekeland finalmente le vendió la patente en 1889 por una suma considerable. Así, gracias a su pericia, conocimiento y, por supuesto, la insistencia de su madre, Baekeland se convirtió en millonario.

La baquelita conquistó el mundo y se infiltró en todos los hogares. Fue la protagonista de numerosos productos, como lo describía entusiastamente la revista Time en 1924: "Este material nacido del fuego y el misterio protagoniza nuestra vida, desde que un hombre se cepilla los dientes por la mañana con un cepillo de mango de baquelita hasta que apaga su último cigarrillo en una boquilla de baquelita y se recuesta en una cama de baquelita. Este material está presente en cada aspecto de nuestra existencia". No era para menos. Las familias se congregaban alrededor de radios de baquelita, escuchando anuncios patrocinados por la Bakelite Corporation sobre automóviles con accesorios de baquelita, planchas o peines fabricados con este material. Los icónicos teléfonos de baquelita y las máquinas de lavar con cuchillas de baquelita también formaron parte de esta revolución. Además, la baquelita desempeñó un papel fundamental en el diseño art déco.[30]

El descubrimiento de la baquelita fue revolucionario y nuevamente tuvo un gran impacto en el reino animal. La

---

30. "Art déco", *Wikipedia*. En línea: <https://es.wikipedia.org/wiki/Art_d%C3%A9co>.

Figura 6. Productos de baquelita. Fuente: Pixabay (https://pixabay.com/es/photos/search/bakelite/)

baquelita podía substituir al marfil, haciendo que dejara de ser tan codiciado. Se formaba al mezclar precursores líquidos, solidificando con la forma del molde en caliente y, una vez enfriado, se convertía en un material duro y resistente al calor, la electricidad y los solventes. Se utilizó en una amplia variedad de aplicaciones: desde teléfonos hasta aislantes de terminales eléctricos, armas de fuego, guitarras eléctricas e incluso joyería. También se empleó en la fabricación de piezas de freno para vehículos, utensilios de cocina como botones para tapas de ollas, mangos de sartenes y boquillas para botas de vino. Así podríamos seguir hasta muchos más productos, porque según la Bakelite Corporation era el material de los mil usos. La compañía eligió un emblema que era toda una declaración de intenciones: el símbolo matemático del infinito. Esto era gracias a una de las propiedades más asociadas a los plásticos en general: su capacidad para moldearse en casi cualquier cosa, cualquier producto y, por tanto, fabricarse en masa para múltiples aplicaciones. Las puertas de la industria se abrían de par en par a los plásticos sintéticos.

La revolución

Quizás hayáis tenido la oportunidad de tocar un teléfono o un peine de baquelita. ¿No os sorprende su resistencia? La baquelita es un material termoestable. Esto significa que se conforma químicamente, entrelazando sus cadenas poliméricas de manera irreversible. Aunque inicialmente es maleable, una vez solidificada, su forma acaba siendo inalterable. No se puede fundir nuevamente para darle una nueva funcionalidad. Esta robustez es la razón por la que aún hoy encontramos objetos de baquelita, como teléfonos, peines o bolígrafos, que mantienen su aspecto original a pesar del paso del tiempo.

En contraste, otros plásticos más comunes, como el poliestireno, el nailon o el polietileno, son termoplásticos. Estos materiales son maleables debido a enlaces más débiles en sus cadenas poliméricas. Se pueden moldear y volverles a dar forma (en teoría) repetidamente mediante calor. Por ejemplo, se funden a altas temperaturas —cada tipo de plástico tiene su propio umbral— y se solidifican al enfriarse, incluso llegando a cristalizar, es decir, a ordenar sus cadenas en una estructura repetitiva. Esta versatilidad es su principal ventaja frente a la baquelita, que permanece inalterable. De hecho, los termoplásticos son mayoritarios en la producción plástica global debido a esta propiedad transformadora.

La baquelita impulsó el crecimiento de diversos sectores industriales y dio lugar a nuevos productos. Incluso se considera que este material alimentó la segunda revolución industrial, transformando la sociedad de manera irreversible. En aquel entonces el mundo estaba dejando atrás una era "sin plásticos".

También fue participe en otro gran cambio que a día de hoy nos acompaña, la dependencia del petróleo. Estos materiales, ya producidos de forma sintética, dependían de una fuente primaria bien conocida: el petróleo. Este combustible fósil se refina para formar moléculas orgánicas simples llamadas monómeros. Cuando estos monómeros se combinan y se someten al proceso de polimerización forman largas cadenas que también se denominan resinas. Estas resinas, una vez moldeadas o extruidas, nos permiten disfrutar de los plásticos. Antes de la baquelita, los plásticos se producían principalmente a partir de materiales naturales, pero su descubrimiento marcó un punto de inflexión. Su impacto fue tan significativo que se considera un catalizador de la dependencia creciente del petróleo como fuente de monómeros para la producción de plásticos a partir de su descubrimiento. Actualmente, se estima que se usa un 6 % del petróleo global para fabricar plásticos.[31]

En resumen, la baquelita no solo dejó una huella en la fabricación de objetos cotidianos, sino también en la historia industrial y medioambiental. Su legado perdura en los objetos antiguos que aún encontramos hoy en día, recordándonos el nacimiento de una nueva era, la era de los plásticos. La baquelita no solo cambió la forma en que

---

31. "Oil Consumption", British Plastics Federation. En línea: <https://www.bpf.co.uk/press/Oil_Consumption.aspx>.

vivimos, sino que sobre todo sentó las bases para el desarrollo de nuevos materiales que acabaron revolucionando nuestra vida cotidiana. Cada vez que observéis un objeto de baquelita, estáis viendo un pedazo de historia que nos recuerda que la innovación puede transformar irreversiblemente nuestras vidas.

DE LA NECESIDAD, VIRTUD

Una de las principales necesidades que vino a cubrir la baquelita fue la de los aislantes térmicos, aportando numerosas virtudes que resultaron en ventajas industriales evidentes, aunque no estuvo exenta de limitaciones. Por ejemplo, era frágil, ya que a causa de su baja deformación tendía a fracturarse. Además, debido a su falta de transparencia y flexibilidad, no se podía utilizar para tejer ni producir embalajes. Otro aspecto a considerar fue su limitada gama de colores, lo que se convirtió en un inconveniente a partir de la década de 1920. En esa época, la coloración también desempeñaba un papel importante en la venta de productos.

A medida que se reconocían las limitaciones de la baquelita y, sobre todo, debido al éxito inicial de los primeros plásticos sintéticos, diversas industrias comenzaron a experimentar en busca de nuevos materiales plásticos. Esto condujo al descubrimiento de compuestos como el PVC (cloruro de polivinilo) y el PMMA (polimetilmetacrilato). La baquelita quedó atrás en la historia, y los nuevos plásticos se multiplicaron rápidamente. La conquista de los plásticos se volvió imparable, transformando nuestra sociedad de manera irreversible.

El crecimiento exponencial de la industria del plástico se debió principalmente a la posibilidad de sintetizar químicamente polímeros termoplásticos a gran escala. En este hito varios personajes clave desempeñaron un papel fundamental.

Uno de ellos fue Wallace Hume Carothers, a quien mencionaremos más adelante.[32] Pero quizás el punto crucial fue la invención de los catalizadores heterogéneos, que permitieron fabricar nuevos polímeros a medida. Un ejemplo notable son los catalizadores Ziegler-Natta, descubiertos por Karl Ziegler[33] en el Instituto Max Planck de Mülheim. Estos catalizadores permitieron la síntesis del polietileno, un hito importante en la historia de los plásticos.

Posteriormente, Giulio Natta mejoró los catalizadores Ziegler-Natta, lo que condujo a la obtención de un nuevo polímero: el propileno. Por sus contribuciones, Ziegler y Natta recibieron conjuntamente el Premio Nobel de Química en 1963.[34] Además de los catalizadores Ziegler-Natta, los catalizadores metalocénicos (compuestos que contie-

---

32. "Wallace Hume Carothers", *Britannica*. En línea: <https://www.britannica.com/biography/Wallace-Hume-Carothers>.

33. "Karl Ziegler (1898-1973)". Max-Planck-Institut. En línea: <https://www.kofo.mpg.de/en/institute/history/1943-1969/karl-ziegler>.

34. "'Giulio Natta' i 'Ziegler-Natta'. Nobel Prize in Chemistry 1963", *The Nobel Prize*. En línea: <https://www.nobelprize.org/prizes/chemistry/1963/summary/>.

A

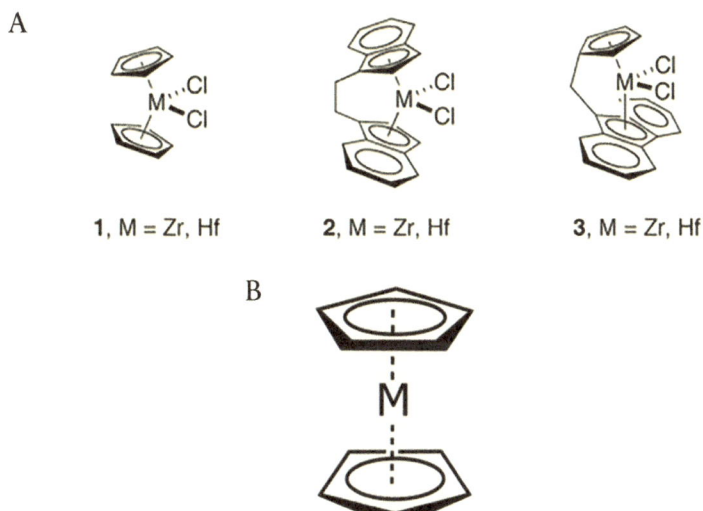

1, M = Zr, Hf   2, M = Zr, Hf   3, M = Zr, Hf

B

Figura 7. Estructura de catalizadores: (a) Ziegler y Natta y (b) metalocénicos. Fuente: Wikipedia (https://es.wikipedia.org/wiki/Catalizador_Ziegler-Natta)

nen un metal de transición, como el titanio o el zirconio, entre dos anillos de ciclopentadienilo como el de la imagen), también desempeñaron un papel crucial.

Siguiendo la senda de los premios nobel, en 1953, el científico alemán Hermann Staudinger recibió el Premio Nobel de Química por su teoría sobre las macromoléculas, enormes estructuras atómicas compuestas por miles o cientos de miles de átomos. Esta teoría allanó el camino para comprender los polímeros y su importancia en la industria.

Complementando a Staudinger, el químico americano Wallace Hume Carothers, quien fue contratado para el departamento de innovación de DuPont, la compañía, seguramente, más importante de la historia de los plásticos, descubrió un método sistemático para crear nuevos polímeros: la polimerización por condensación. Esta reacción combina los monómeros iniciales con grupos terminales reactivos, lo que libera moléculas pequeñas como el agua en el proceso. Quizás este hito también mereció el Nobel, premio que sí obtuvieron Karl Ziegler y Giulio Natta en 1963, por sus descubrimientos relacionados con la química de polímeros y nuevas tecnologías de polimerización. Paul Flory,[35] en 1974, también lo recibió por sus logros fundamentales, tanto teóricos como experimentales, en la físico-química de las macromoléculas. También P. G. de Gennes[36] en 1991, por crear el modelo de reptación de la dinámica de polímeros utilizado para predecir las propiedades y la viscosidad de los polímeros. Y Alan J. Heeger, Alan G. MacDiarmid y H. Shirakawa, en el 2000,[37] por el descubrimiento y desarrollo de polímeros intrínsecamente conductores.

Como vemos, la historia de los plásticos tuvo muchos protagonistas principales, pero quizás Carothers y Flory destacan entre todos. Si Carothers fue el diseñador, Flory

---

35. "Paul J. Flory. Nobel Prize in Chemistry 1974", *The Nobel Prize*. En línea: <https://www.nobelprize.org/prizes/chemistry/1974/summary/>.

36. "Pierre-Gilles de Gennes. Nobel Prize in Physics 1991", *The Nobel Prize*. En línea: <https://www.nobelprize.org/prizes/physics/1991/summary/>.

37. "Alan J. Heeger, Alan G. MacDiarmid and Hideki Shirakawa. Nobel Prize in Chemistry 2000". *The Nobel Prize*. En línea: <https://www.nobelprize.org/prizes/chemistry/2000/8961-the-nobel-prize-in-chemistry-2000/>.

fue el arquitecto y constructor del edificio de la ciencia de los polímeros. Si Carothers fue el compositor, Flory fue el compositor de las notas para su música. Carothers y Flory representan las cualidades esenciales necesarias para hacer una gran ciencia: intuición, experimentación y teoría, mucha imaginación y diligente reducción a la práctica, exuberancia y rigor.[38]

Retomando la polimerización por condensación, el primer material descubierto por esta técnica fue el neopreno, el primer caucho sintético. Este material es un derivado del cloropreno, también conocido como policloropreno.

La historia del neopreno es curiosa y casual, como muchos eventos que han marcado el avance de la ciencia. Pura serendipia. Nos situamos en 1930. Elmer K. Bolton, empleado de DuPont, asiste a una conferencia impartida por Julius Arthur Nieuwland, profesor de química en la Universidad de Notre Dame. Nieuwland había estado trabajando con acetileno y había obtenido compuestos elásticos similares al caucho o goma elástica, como el divinilacetileno, al combinarlo con dicloruro de azufre.

DuPont adquirió los derechos de la patente de la Universidad de Notre Dame y reunió a Wallace Carothers y a Nieuwland. Ambos científicos combinaron el neopreno con monovinilacetileno y cloruro de hidrógeno (HCl), lo que dio como resultado el cloropreno. Tras una serie de mejo-

---

38. S. Sivaram (2017)."Paul Flory and the Dawn of Polymers as a Science", *Resonance*, abril. En línea: <https://www.ias.ac.in/article/fulltext/reso/022/04/0369-0375>.

ras en la reacción para evitar malos olores, el material se comercializa bajo la marca DuPrene.[39] Sin embargo, esta marca se retiró en 1937 y se reemplazó por un nombre más genérico: neopreno, tratando de resaltar que el material era un ingrediente, no un producto de consumo final. Las cualidades del neopreno, junto con una sólida campaña de *marketing* (que incluyó la publicación de una revista técnica por parte de DuPont), convirtieron al neopreno en un éxito comercial, generando ganancias que superaron los 300 000 dólares antes de finalizar la década de 1930.

Las siguientes protagonistas, después del neopreno, fueron las poliamidas, descubiertas en 1935,[40]destacando por encima de todas ellas el nailon. Esta fibra sintética elástica y resistente tuvo un gran impacto a corto plazo y se convirtió en un éxito comercial sin precedentes. Además, entre 1930 y 1940, la Segunda Guerra Mundial marcó un punto de inflexión. En este terrible suceso hubo algunos plásticos que fueron claves como el nailon, que quedaron arraigados en nuestra sociedad de manera irreversible.

La visión de las empresas químicas fue la de buscar nuevos plásticos para posteriormente enfocarlos a determinadas aplicaciones y usos, tal y como veremos en los siguientes capítulos.

---

39. "Neoprene: A Brief History. DuPont's Discovery". *Seventhwave*. En línea: <https://www.seventhwave.co.nz/blogs/library/neoprene-a-brief-history>.

40. "Wallace Carothers and the Development of Nylon. National Historic Chemical Landmark". ACS Chemistry for Life. En línea: <https://www.acs.org/education/whatischemistry/landmarks/carotherspolymers.html>.

EL PLÁSTICO GUERRERO

P apá, ¿qué es esto? —preguntó Rubén señalando una media de nailon.

—Es una media de nailon —respondí—. Se utiliza como prenda para proteger del frío y embellecer las piernas de las mujeres. El nailon es un plástico de la familia de las poliamidas.

—¿Un plástico como el que hicimos en el experimento de la leche? —preguntó Rubén.

— Bueno, es bastante diferente —le respondí—. El nailon es una poliamida con una historia fascinante y, a veces, controvertida. ¿Quieres que te la explique?

—Sí, sí, quiero saber más —respondió entusiasmado Rubén—. Por cierto, papá, ¿qué es exactamente el nailon?

—La historia del nailon es un ejemplo perfecto de cómo un material puede cambiar nuestras necesidades y deseos —comencé a explicarle—. Se descubrió en 1933, unos años antes del inicio de la Segunda Guerra Mundial. Durante la guerra el nailon se convirtió en un material crucial para la contienda. Pero de la Gran Guerra ya hablaremos otro día. Ahora, ¿quieres que haga palomitas mientras te cuento más?

Rubén, entusiasmado, movió afirmativamente la cabeza varias veces.

La empresa DuPont introdujo el nailon como respuesta al encargo del gobierno de Estados Unidos de encontrar una fibra sintética sustituta de la seda natural, ya que no había suficiente producción para la fabricación de todos los uniformes militares.

Desde sus inicios, el descubrimiento causó sensación. Así, justo cuando acabó la contienda, un producto basado en nailon, las medias, había adquirido un éxito sin precedentes. La campaña promocional que lo describía como "brillante como la seda" y "fuerte como el acero" capturó la imaginación del público femenino.[41] Las mujeres enloquecieron, arrasando con todas las existencias. Fue tal el éxito, que no había suficiente producto para satisfacer la demanda.

---

41. Emily Spivack (2012). "Stocking Series, Part 1: Wartime Rationing and Nylon Riots", *Smithsonian Magazine*, 4 de septiembre. En línea: <https://www.smithsonianmag.com/arts-culture/stocking-series-part-1-wartime-rationing-and-nylon-riots-25391066/>.

Figura 8. Media de nailon. Fuente: Pixabay (https://pixabay.com/es/vec-tors/cuerpo-mujer-pierna-medias-de-nylon-1299413/)

Cuenta la historia que un día de otoño de 1945, en Pittsburgh (Pensilvania) cerca de 40 000 personas esperaban en una interminable cola para comprar unas exclusivas medias de nailon.[42] Tras horas y horas de espera, la frustración y el enfado se adueñaron del ambiente iniciándose una serie de altercados. No fue el único sitio donde hubo problemas. La magnitud y notoriedad de estos incidentes fueron tales que pasaron a la posteridad como los "disturbios del nailon".

---

42. "The Nylon Craze: A Style Trend of the 1940s", Hagley Museum, 24 de julio de 2024. En línea: <https://www.hagley.org/librarynews/nylon-craze-style-trend-1940s>.

¿Por qué se dieron estos disturbios? Aquí tuvo que ver las sobreestimaciones en la fabricación del producto y, como no, la avaricia del productor, DuPont. Acabada la guerra, las cabezas pensantes de la compañía estimaron que producirían unos 360 millones de pares de medias en 1945. Desde 1939 los producían a nivel industrial.[43] Craso error: el sistema de producción no estaba preparado y llegaron los retrasos en la entrega del producto en las tiendas y los fatales disturbios. Las noticias sobre peleas salpicaron los periódicos durante meses. Hasta el año siguiente DuPont no logró estabilizar su producción, llegando finalmente a los 30 millones de pares al mes, poniendo punto final a la escasez del producto y a los disturbios del nailon.

Para comprender el motivo detrás de estos disturbios es fundamental contextualizar la situación. A principios del siglo xx, las medias se habían convertido en una parte arraigada de la sociedad estadounidense. En la década de 1930 Estados Unidos importaba aproximadamente dos tercios de todas las telas de seda del mundo, y el 90 % de estas provenía de Japón.[44] La razón principal de esta importación masiva era su uso en prendas femeninas. Las medias surgieron como una necesidad paralela a la moda que fa-

---

43. "The First Nylon Plant", *A National Historic Chemical Landmark*, 26 de octubre de 1995. American Chemical Society. En línea: <https://www.acs.org/content/dam/acsorg/education/whatischemistry/landmarks/carotherspolymers/first-nylon-plant-historical-resource.pdf>.

44. "The Changing Industrial Structure", *Japan's Postwar Economy*. En línea: <https://publish.iupress.indiana.edu/read/japan-s-postwar-economy/section/f971293e-e1d6-4c42-9a6c-f2c77c07aad9>.

vorecía faldas más cortas para las mujeres. De esta manera, cubrir las piernas con medias se volvió esencial.

Los materiales utilizados para confeccionar las medias eran principalmente seda natural y, en menor medida, rayón[45] o celulosa. Sin embargo, todas tenían un defecto común: eran frágiles y propensas a desarrollar carreras con el mínimo contacto. En 1938, durante la Feria Internacional de Nueva York, se presentaron medias elásticas que no requerían planchado. Para demostrar su utilidad, se desafió a un grupo de mujeres a estirarlas al máximo, poniendo a prueba su resistencia. Estaban hechas de un nuevo producto, el nailon. La llegada del nailon revolucionó la industria, permitiendo la fabricación de medias extremadamente finas, prácticamente transparentes y excepcionalmente resistentes. Estas medias de nailon se convirtieron en la panacea para las amantes de esta prenda, y algunas estaban dispuestas a hacer lo necesario, ya fuera por lo civil o por lo criminal, para obtenerlas.

Curiosamente, la fiebre por las medias de nailon no comenzó después de la guerra, sino que se volvieron muy populares antes. En la primavera de 1940 salieron a la venta a un precio nada despreciable de 1,15 dólares por par. ¡En menos de un mes se vendieron 5 millones de pares!

Un año después, tras el ataque a la base americana de Pearl Harbor, Estados Unidos entró en la contienda. El país redirigió sus recursos hacia la guerra y el nailon se convirtió en

---

45. Descubierto por el conde de Chardonnet y perfeccionado por Tophan como sustituto de la seda natural.

uno de los materiales más preciados. Durante ese periodo la producción de medias de nailon fue escasa, ya que su uso se destinó principalmente a productos esenciales para la guerra, los cuales desempeñaron un papel crucial.

La fibra que ganó la guerra

Con la entrada de Estados Unidos en el conflicto, DuPont cambió el destino de su producción de nailon: ya no se dirigía al consumidor, sino al ejército. Si en 1940 el 90 % de su material estrella iba a parar a las medias, en 1942 estaba destinado a paracaídas y neumáticos. Las mujeres incluso donaron sus medias de nailon para que fuesen reutilizadas en los esfuerzos de la Armada.[46]

El nailon se utilizó en una amplia variedad de componentes militares, desde cuerdas para remolque de planeadores hasta tanques de combustible para aviones, pasando por chalecos antibalas, cordones de zapatos, mosquiteras, armaduras corporales, hamacas y muchos otros productos. Sin embargo, su uso más destacado y diferencial fue en los paracaídas, reemplazando a los de seda. Durante la década de 1940, como ya hemos comentado, Japón dominaba la producción mundial de seda, lo que llevó a los aliados a buscar una alternativa, y el nailon se convirtió en el material principal para fabricar paracaídas.

---

46. Nuria Luis (2019). "Cómo las medias de nylon cambiaron nuestra forma de vestir para siempre", *Vogue*, 24 de octubre. En línea: <https://www.vogue.es/moda/articulos/historia-medias-nylon-moda>.

Figura 9. Imagen histórica de Adeline Grey. Fuente: Google
(https://www.custom-plastic-mold.com/info/why-is-nylon-
called-victory-fiber-the-materia-32712151.html)

Adeline Grey, una valiente y conocida saltadora, desafió los cielos y se convirtió en la primera persona en usar un paracaídas de nailon el 6 de junio de 1942.[47] Su hazaña marcó un hito en la historia de la aviación y demostró la confiabilidad y versatilidad de este nuevo material.

Además, la compañía DuPont, en colaboración con la Manchester Pioneer Parachute Company, contribuyeron al

47. "First Human Test of a Nylon Parachute", *Connecticut History.org*, 6 de junio de 2014. En línea: <https://connecticuthistory.org/first-human-test-of-a-nylon-parachute/>.

desarrollo y la comercialización de estos paracaídas. El resultado fue el diseño "más ligero, fuerte y flexible" que revolucionó la seguridad en los saltos en paracaídas.

El artilugio tuvo su día más glorioso durante el histórico desembarco de Normandía. Cientos de militares confiaron en el nailon para sus paracaídas en tan señalado día. La resistencia, elasticidad, peso y la capacidad de resistir el moho del nailon fueron factores clave que contribuyeron a su éxito.

Como anécdota, durante la guerra los paracaídas eran incontrolables, lo que implicaba que los paracaidistas muchas veces no eran capaces de dirigirlos. Sin embargo, a finales de la década de 1940 y principios de los años cincuenta, se desarrollaron timones que permitían controlar la dirección del paracaídas. Estos timones ajustaban la masa de aire que escapaba, lo que permitía girar el paracaídas tanto en el eje vertical como en el horizontal, incluso adquiriendo algún pequeño impulso horizontal. A partir de entonces, su uso deportivo se volvió imparable.

Volviendo a nuestra historia inicial, transcurrida la Gran Guerra, se levantó el veto al uso del nailon para fabricación de medias. En las primeras seis horas del levantamiento del embargo, se vendieron nada más y nada menos que 50 000 pares de medias.

El nailon no solo transformó la industria militar, sino que continuó su influencia en nuestra vida cotidiana. Este nuevo material, resistente y flexible, encontró su nicho de mercado en multitud de productos y comenzó a demostrar la influencia de los plásticos en nuestras vidas.

El nacimiento del primer gran plástico comercial

Nos hemos adentrado en el uso e importancia del plástico en sus primeros años de existencia, pero aún no hemos explorado su nacimiento como producto comercial. Para ello, retrocedamos en el tiempo hasta 1933 y volvamos a uno de nuestros protagonistas previos: Wallace Hume Carothers.

Carothers, reconocido por su destreza como químico, fue contratado por DuPont con el objetivo de "descubrir un material que sustituyera a polímeros naturales, tales como la celulosa, el caucho o la seda."[48] Su trabajo marcó el inicio de una nueva era en la ciencia de los materiales.

En 1927, con un costo de 27 millones de dólares, la Corporación DuPont le encargó un proyecto ultrasecreto que dio como resultado la creación de la poliamida (PA), o nailon, uno de los plásticos más importantes jamás creados.[49]

Los primeros experimentos de Carothers resultaron infructuosos y estuvo a punto de rendirse. Como tantas veces en la ciencia, la serendipia aún no había dicho sus últimas palabras. Según las crónicas, los ayudantes de Carothers, aprovechando su ausencia, decidieron divertirse en el laboratorio, algo que no recomiendo con materiales químicos de por medio. Tras un pequeño accidente, Julian Hill,

---

48. "Nylon - the story of the first synthetic fibre", *Triangular*, 7 de abril de 2021. En línea: <https://blog.triangular-pod.com/amazing-facts-about-nylon/>.

49. Luis Marrero (2021). "The History of Liquid Silicone Rubber and Injection Molding", 29 de abril. Simtec. En línea: <https://www.simtec-silicone.com/blogs/the-history-of-liquid-silicone-rubber-and-injection-molding/>.

Figura 10. Imagen de Wallace Hume Carothers. Fuente: Wikipedia (https://es.wikipedia.org/wiki/Wallace_Carothers)

ayudante de Carothers, comenzó a remover una bola de poliéster en un vaso de precipitados. En ese momento, el equipo de Carothers ya había descartado el uso de poliésteres como sustituto de las fibras naturales. Hill observó que el poliéster se adhería a la varilla de vidrio utilizada para mezclar. Además, adquiría una apariencia sedosa al estirarse en frío. Pero lo más sorprendente fue que se podía estirar como un chicle sin romperse. Hill tomó un extremo de la bola de poliéster usada en el experimento, mientras que un colaborador, sosteniendo la varilla con el otro extremo de la fibra, comenzó a correr escaleras abajo. Para sorpresa de todo el equipo de Carothers, la fibra que formaba una extensa cuerda no se rompió. Acababan de hacer historia… por casualidad. Como dice el refrán: A la corta o a la larga, para bien viene cuanto pasa.

La clave radicaba en que el polímero tenía la capacidad de reorientar sus moléculas cuando se estiraba, alineándolas en paralelo a la dirección de estiramiento. Esto se lograba mediante la formación de puentes de hidrógeno entre las moléculas, es decir, enlaces generados por la atracción electrostática de un polo negativo (el oxígeno) y uno positivo (el hidrógeno). Esta reordenación incrementaba de forma espectacular la resistencia del material. Además, era fácil darle forma (conformar). La revolución textil y de la moda del siglo xx comenzaba a dar sus primeros pasos.

Las poliamidas marcaron el final de la primera mitad del siglo xx e iniciaron, junto a otros plásticos, la era dorada del material plástico que vendría a continuación. Antes de profundizar en el tema, es importante destacar que no existe un único tipo de nailon, sino varios. Estos se identifican mediante números, como el 6, el 66, el 12 o el 46, que hacen referencia a su estructura molecular y a sus diferentes propiedades. Algunos de los más comunes son el nailon 6 extruido, el PA 6 colado y el nailon 66 o PA 66. Nos extenderemos en su formulación en los anexos del libro.

Como hemos visto, desde los laboratorios de DuPont hasta las tiendas de todo el mundo, el nailon dejó una marca indeleble en la moda, la industria y la vida cotidiana. ¿Pero fue este polímero clave en lo que vendría después o hubo otros protagonistas?

MÁS ALLÁ DE LAS MEDIAS DE NAILON

—Papá, me ha encantado la historia del nailon. Ni siquiera conocía su existencia ni sabía que las medias de nailon fueron tan importantes. De todos modos, me sorprende que me hayas explicado tantas cosas del nailon, incluyendo su relevancia en la guerra y en la historia de los plásticos, pero no me has hablado de otros tipos de plásticos que para mí son más conocidos.

De repente Rubén dejó la conversación a medias y salió hacia la galería. Allí, cogió un bote de lejía, le dio la vuelta y me mostró un icono con una especie de triángulo formado por flechas y un número 2 en el centro. En la parte inferior se leían cuatro letras, HDPE, que corresponden al polietileno de alta densidad.

—En el colegio nos han hablado sobre el reciclaje y los plásticos, como el polietileno, el polipropileno, etc. ¿Podrías explicarme más sobre ellos?

Figura 11. Triángulo de Moebius del HDPE. Elaboración propia.

Si te has percatado, después de muchas historias y diversas anécdotas, hemos hablado de una serie de plásticos que en su momento transformaron la sociedad, incluso de forma irreversible. Sin embargo, apenas hemos abordado los plásticos que actualmente inundan nuestras vidas, como el polietileno o el polipropileno que comentaba Rubén. Creo que es el momento oportuno para explorar sus orígenes y analizarlos más a fondo.

Desde la celulosa hasta el nailon, pasando por la baquelita, los plásticos comenzaron a adquirir una gran importancia en la vida de nuestros antepasados. A pesar de esto, su impacto era mínimo en comparación con lo que vendría a partir de la segunda mitad del siglo XX. Los cambios eran aceptados y demandados en la sociedad: las prendas femeninas se volvían más livianas, las historias cinematográficas causaban sensación con nuevos decorados que superaban nuestra imaginación y, poco a poco, los vehículos incorporaban más plástico, volviéndose más ligeros, más baratos y cada vez más populares. De todos modos, tal y como hemos ido insinuando, el punto de inflexión llegó en uno de los periodos más oscuros de la historia reciente: la Segunda

Guerra Mundial. Esta guerra marcó un antes y un después en la historia de los plásticos, pues desencadenó una explosión en su uso y fabricación, y transformó nuestra sociedad para siempre. Así nació la Edad del Plástico o Plasticeno.

Como hemos visto anteriormente, justo antes del estallido de la guerra, había un sentimiento creciente de optimismo sobre los beneficios que los plásticos podrían aportar a la humanidad. En esa época, dos químicos británicos visionarios, Victor Yarsley y Edward Couzens, ya aventuraron en el libro *Plastics* (1941) los tremendos cambios que se avecinaban debido a los plásticos.[50] Sin embargo, sus especulaciones se quedaron cortas. Los autores anticiparon "un mundo vibrante y lustroso. Un mundo más brillante y diferente a cualquier otro conocido anteriormente [...]. Un mundo libre de polillas y óxido y lleno de color, en el que el hombre de plástico, como un mago, hace lo que quiere para casi todas las necesidades, a partir de lo que le rodea: carbón, agua y aire. Un mundo donde uno crecerá entre juguetes indestructibles, esquinas suavizadas, paredes sólidas, ventanas claras, telas que repelen la suciedad y vehículos ligeros. La tercera edad se simplificará, con utensilios de plástico y dentaduras postizas, hasta que finalmente, el hombre de plástico será sepultado en un ataúd del mismo material".[51] Auténticos visionarios. Sin palabras.

---

50. Victor Yarsley; Edward Couzens (1941). *Plastics*. Penguin Books. En línea: <https://books.google.es/books/about/Plastics.html?id=SYZanQEACAAJ&redir_esc=y>.

51. Susan Freinkel (2011). "A Brief History of Plastic's Conquest of the World", *Scientific American*, 29 de mayo. En línea: <https://www.scientificamerican.com/article/a-brief-history-of-plastic-world-conquest/>.

La segunda mitad del siglo xx demostró que las previsiones de Yarsley y Couzens fueron correctas e incluso se quedaron cortas, pero seguramente sin la Segunda Guerra Mundial no se hubieran acelerado tanto. ¿Por qué? Debido a la masiva necesidad de materiales, como el acero o el caucho durante la contienda, se generaron carencias en diversos sectores y bienes de consumo que necesitaban ser cubiertos. Además, se premiaban los materiales duraderos, económicos y livianos que pudieran fabricarse rápidamente. En conclusión, se servía en bandeja de plata la gran oportunidad para los plásticos y estos no la desaprovecharon.

Es fascinante cómo la Segunda Guerra Mundial influyó en la producción y uso de plásticos. La producción mundial de plásticos casi se cuadruplicó durante la guerra, aumentando de menos de 100 000 toneladas en 1939 a 365 000 toneladas en 1945.[52] Tal y como hemos comentado, su uso durante esta época se centró en la fabricación de todo tipo de componentes militares. Por ejemplo, el teflón, gracias a su excelente resistencia a la corrosión, se convirtió en un material ideal para fabricar contenedores destinados a gases volátiles, incluyendo aquellos utilizados en la fabricación de la bomba atómica.

Sería arriesgado e incluso osado atribuir al plástico la victoria en la contienda, pero esto no es óbice para afirmar,

---

52. "War on Plastics: How World War II Changed the Plastics Industry". ENL Group, 27 de mayo 2022. En línea: <https://enl.co.uk/war-on-plastics-how-world-war-ii-changed-the-plastics-industry/>.

sin riesgo a equivocarme, que su papel fue esencial. Después de la guerra, el plástico emergió fortalecido y consolidado debido a su destacada posición en la producción e innovación existente. Uno de los ejemplos que hemos mencionado fue el nailon, ampliamente utilizado para fabricar paracaídas y refuerzos para llantas de vehículos. Además, otras resinas, como los poliésteres (incluyendo el dacrón),[53] surgieron como resultado de la química de condensación (donde dos moléculas se combinan para dar un reactivo y agua) en la década de los cuarenta. Así, por ejemplo, la empresa alemana Bayer A. G. fue pionera en la fabricación de productos de poliuretano.

Hubo muchísimos más ejemplos, algunos tan simples que no podrían ser más indicativos. Uno de ellos fue el uso de peines por parte del ejército de Estados Unidos. Originalmente, estos peines estaban hechos de caucho, pero este material era prioritario para fabricar neumáticos de vehículos y aviones. Por lo tanto, se necesitaba un sustituto. En 1941 el ejército exigió que todos los peines entregados a los militares estuvieran hechos de polipropileno en lugar de caucho duro. Como parte del kit de higiene[54] estándar cada miembro de las fuerzas armadas estadounidenses recibía un peine de bolsillo de plástico negro de cinco pulga-

---

53. "Qué es el Dacron y cuándo debo elegir este tejido". Smart Sails, 7 de mayo. En línea: <https://smartsails.es/que-es-el-dacron-y-cuando-debo-elegir-este-tejido/>.

54. "War on Plastics: How World War II Changed the Plastics Industry". ENL Group, 27 de mayo 2022. En línea: <https://enl.co.uk/war-on-plastics-how-world-war-ii-changed-the-plastics-industry/>.

Figura 12. Peine de polipropileno. Fuente: Google (https://www.veteran-militaria.com/es/historico-original/1616-peine-us-original.html)

das. Imaginad la cantidad de peines que se distribuyeron y el impacto que tuvo este cambio de material.

Durante la Segunda Guerra Mundial se hicieron muchos sacrificios. No solo se perdieron vidas, sino que también se renunciaron a cosas cotidianas. Un ejemplo ya comentado fue el del nailon, que de usarse para hacer medias pasó a destinarse a fabricar cuerdas y paracaídas. Los polímeros, desarrollados en los años treinta, encontraron nuevas aplicaciones. El poliestireno se usó para aislamiento térmico y el PVC se convirtió en un material clave para piezas de vehículos. Además, estos materiales se emplearon en la fabricación de lonas para tiendas de campaña, uniformes impermeables o componentes de tanques. Incluso se utilizaron en la construcción de cabinas de aviones o en la bomba atómica.

Después de la Segunda Guerra Mundial la producción militar se reutilizó para fines civiles. DuPont ya veía el potencial de los plásticos antes de que terminara la guerra. Un ejemplo fue la exposición nacional de plásticos en Nueva York, donde se mostró un futuro lleno de plásticos. La exhibición fue un despliegue de creatividad: desde mosquiteras de colores hasta ropa fácil de renovar, sedales tan fuertes como el metal y recipientes transparentes que mantenían la frescura de los alimentos. La feria mostró una era de abundancia, donde el plástico prometía un futuro ilimitado: "El plástico es imparable",[55] declaró el presidente de la exposición, aventurando una nueva era dominada por este versátil material.

Con la paz, los veteranos estadounidenses regresaron a un mundo lleno de oportunidades, gracias a programas como el *GI Bill* y los subsidios para viviendas.[56] La industria del plástico creció rápidamente, impulsando la economía. Los estadounidenses ahora podían acceder a una gran variedad de productos, desde recipientes herméticos hasta calzado deportivo, haciendo que estos bienes fueran accesibles para todos.

En Europa los plásticos, debido a su versatilidad y bajo coste, fueron claves en la recuperación de la economía y las infraestructuras. Y al igual que en Estados Unidos, comen-

---

55. Clare Goldsberry (2024). "NPE's Origin Story: Promoting and Defending Plastics", *Plastics Today*, 6 d'abril. En línea: <https://www.plasticstoday.com/injection-molding/npe-s-origin-story-promoting-and-defending-plastics->.

56. "The GI Bill: Soldiers Return Home", *The National WWII Museum*. En línea: <https://www.nationalww2museum.org/students-teachers/student-resources/research-starters/research-starters-gi-bill>.

zaron a aparecer en productos de consumo diario, como envases, utensilios de cocina y juguetes.

Los gobiernos se dieron cuenta de lo importante que eran los plásticos. El gobierno de EE. UU. invirtió más de 1 000 millones de dólares en empresas de plásticos. Para producir más plástico, se necesitaba petróleo, lo que llevó a la construcción de nuevas refinerías. A largo plazo, esto también fortaleció la economía de países como Estados Unidos.

La mejora de los procesos de fabricación, apoyada por contratos del gobierno, y la agresiva estrategia de *marketing* de las empresas de plásticos llevaron a un gran crecimiento. Las consecuencias de este auge eran inimaginables en ese momento y aún nos afectan hoy en día. Como dice el refrán: Cuando el sol calienta mucho, se avecina una tormenta.

Esta abundancia de productos permitió una movilidad social sin precedentes.[57] Nos convertimos en una sociedad de consumo, con acceso a los placeres de la vida moderna: un televisor y un sistema de sonido en cada casa, un automóvil en cada entrada. La industria del plástico nos ayudó a satisfacer nuestras necesidades y deseos, ofreciéndonos un mundo de posibilidades. En la *PlastiCity* de la postguerra, descubrimos nuestra capacidad de transformación. Como decía la revista *House Beautiful* en 1953: "nunca antes habíamos tenido tantas oportunidades para ser auténticos,

---

57. Es indudable que en todo el mundo no fue igual. Por ejemplo, en España estábamos saliendo de una cruenta guerra civil.

tendremos una mayor oportunidad de ser nosotros mismos que cualquier otra persona en la historia".

La constante llegada de nuevos productos y aplicaciones se volvió normal. Muchos familias comenzaron a tener un *tupperware* en casa y una Barbie. Las tiendas mostraban sus productos en mostradores de fórmica y los vehículos tenían luces traseras de acrílico rojo. Se hicieron populares el envoltorio Saran,[58] el revestimiento de vinilo, las botellas exprimibles, los pulsadores, los sujetadores de lycra, las pelotas Wiffle, las zapatillas deportivas, los vasitos con sorbete y muchos otros productos.

Esta explosión plástica vino precedida de descubrimientos accidentales e innovaciones que han cambiado el mundo. La historia de los plásticos está llena de descubrimientos accidentales e innovaciones que han cambiado el mundo. Durante la década de 1930, como ya vimos, se descubrió el neopreno. Esto fue gracias a hombres como Elmer Bolton,[59] director de investigación de DuPont. Bolton buscaba nuevas oportunidades comerciales y se interesó por la química del acetileno, que había producido compuestos como el acetileno de vinilo. Cuando reaccionaba con cloruro de hidrógeno, el acetileno de vinilo se convertía en cloropreno. El resto es historia.

---

58. Mary Bellis (2019). "The Inventor of Saran Wrap", *ThoughtCo*, 19 de noviembre. En línea: <https://www.thoughtco.com/history-of-pvdc-4070927>.

59. Michael Sepe (2023). "Historia de los polímeros: PVC y PVDC". Plastics Technology Mexico, 1 de marzo. En línea: <https://www.pt-mexico.com/columnas/una-mirada-historica-de-los-materiales-polimericos-parte-9-pvc-y-pvdc>.

Siguiendo este camino, en 1933 se descubrió otro polímero que contenía cloro, el cloruro de polivinilideno (PVDC), un material clorado con propiedades impermeables especiales, utilizado en la industria del automóvil, militar y de embalajes. Este descubrimiento fue accidental, ya que Ralph Wiley, un químico de Dow Chemical, mientras trabajaba en la producción de percloroetileno, un producto de limpieza en seco, descubrió que algunos de sus vasos desarrollaban un residuo que resistía todos los intentos de limpieza. Esta sustancia se convirtió en el Saran, utilizado inicialmente para proteger aviones y otros productos militares de la humedad y la corrosión durante la Segunda Guerra Mundial.

Inicialmente, Wiley lo fabricó en forma de fibra, pero su jefe, John Reilly, apostó por transformarlo en una película. Esta transformación no fue fácil y durante seis intensos años el material fue perfeccionado para eliminar su color verde y su olor desagradable. A Wilbur Stephenson se le atribuye el desarrollo de la famosa burbuja Saran, que fue la clave para obtener un producto de película fina. En 1942 ya se utilizaba como película protectora para lonas y caucho en equipos militares. Por cierto, su nombre comercial, Saran, es un híbrido de los nombres de la esposa de John Reilly (Sarah) y su hija (Ann).

Willard Dow, entonces presidente de Dow, presionó para abandonar el desarrollo de PVDC en 1943. Pero para entonces Wiley tenía múltiples patentes sobre el material y convenció a Dow de quedarse con el producto. La tercera pieza de la investigación de la química del acetileno por parte de DuPont fue el PVC. La composición química del PVC y el PVDC es similar, pero la principal diferencia es que este último tiene dos átomos de cloro en lugar de uno en cada unidad de repetición. Este mayor contenido de cloro mejora las características clave, como las propiedades de barrera, la resistencia química y las propiedades de retardancia a la llama. Rápidamente se convirtió en el material de elección para envolver el equipo militar que se enviaba al extranjero para protegerlo de los efectos corrosivos de la humedad y el rocío del agua salada. Cuando terminó la guerra y este mercado se agotó, Dow vendió el producto a dos de sus empleados, que establecieron en Midland un negocio para hacer envolturas de alimentos. El producto se vendió tan bien que Dow compró el negocio en 1948 y consolidó formalmente la conocida relación entre los nombres Dow y Saran Wrap.

El azar también jugó un papel crucial en el descubrimiento del PVC. Waldo Lonsbury Semon, químico de B.F. Goodrich, lo descubrió accidentalmente en 1933 mientras buscaba nuevos recubrimientos de caucho sintético. Inicialmente, obtuvo una gelatina elástica sin propiedades adhesivas, pero continuó investigando hasta convertirla en un material no conductor, resistente al agua y con buenas propiedades mecánicas. Este material impermeable se utilizó en cortinas de ducha, paraguas, mangos de herramientas, ventanas, suelas de zapatos y cables, convirtiéndose en uno de los polímeros más producidos en el mundo. Una anécdota interesante es que Semon intentó vender el PVC como material para pelotas de golf y zapatos, pero no tuvo éxito hasta que encontró una manera de plastificarlo.

Es importante mencionar que el descubrimiento del PVC por Semon fue precedido de una historia previa. Justus von Liebig descubrió el cloruro de vinilo en 1835 y H. V. Regnault lo transformó en cloruro de polivinilo. En 1872 el alemán Eugene Baumann también descubrió el PVC, pero no vio su potencial. En 1913 Fritz Klatte obtuvo PVC mientras buscaba una manera de almacenar gas cloro, pero tampoco encontró una utilidad práctica. Así que, en este caso, no se cumplió el dicho "a la tercera va la vencida".

El siguiente gran avance en la industria del plástico ocurrió a finales de los años treinta, gracias a DuPont y sus máquinas de moldeo por inyección.[60] A este avance se le sumaba el descubrimiento de la polimerización por suspensión, desarrollado por Dow Chemical en 1938.[61] Este proceso se utiliza para fabricar resinas de intercambio iónico[62] y es el principal método de producción del poliestireno, un material que se fabricó a gran escala gracias a la empresa alemana I. G. Farben[63] durante la Segunda Guerra Mundial.

---

60. O. Brandau (2017). "Short History of Stretch Blow Moulding", *Stretch Blow Moulding* (3ª ed.). Plastics Design Library, pp. 1-4.

61. Henry Malcolm Hutchinson; Johann Josef Peter Staudinger, "Production of polystyrene beads", *United States Patent Office* 4 de septiembre de 1951. En línea: <https://patents.google.com/patent/US2566567A/en>.

62. Funcionan mediante un proceso reversible donde los iones de la solución se intercambian con los iones de la resina. Este proceso es muy útil para purificar, separar y desmineralizar líquidos.

63. "Samples of 'Polystyrol' polystyrene resin". Powerhouse Collection. En línea: <https://collection.powerhouse.com.au/object/238687>.

Estas nuevas formas de polimerización, junto con la polimerización por condensación desarrollada por Wallace Carothers en los años treinta,[64] permitieron crear una variedad cada vez mayor de métodos para obtener polímeros. La producción masiva de plásticos se popularizó, posibilitando convertir en un solo proceso pequeños gránulos de plástico en casi cualquier objeto. Esto permitía aumentar la cantidad de plásticos producidos, reduciendo considerablemente su precio.

La historia del polietileno es un ejemplo fascinante de cómo los descubrimientos accidentales y las innovaciones tecnológicas pueden transformar nuestra vida cotidiana. Durante la Segunda Guerra Mundial el polietileno de baja densidad (LDPE) fue crucial como aislante para cables eléctricos y protector contra la humedad en equipos de radar y cajas de suministros y alimentos.

Los químicos E. W. Fawcett y R. O. Gibson[65] descubrieron el LDPE mientras investigaban el efecto de las altas presiones en las reacciones químicas. El proceso fue tan peligroso que tuvieron que trabajar detrás de una barrera protectora para evitar explosiones. Después de la guerra, el LDPE se convirtió en un material común en muchas aplicaciones, especialmente en la industria alimentaria. A principios de

---

64. E. Thomas Strom (2017). "Wallace Carothers and Polymer Chemistry: A Partnership Ended Too Soon". ACS Symposium Series. Octubre. En línea: <https://pubs.acs.org/doi/10.1021/bk-2017-1262.ch007>.

65. "Gibson and Fawcett", *The Plastics Historical Society*. En línea: <https://plastiquarian.com/?page_id=14255>.

los años cincuenta su producción se complementó con el proceso de Philips.[66] El polietileno obtenido tenía baja ramificación y alta densidad, dando origen al polietileno de alta densidad (HDPE).

Uno de los primeros usos del HDPE fue la producción de botellas por soplado, que revolucionaron el mercado de los recipientes, sustituyendo las de vidrio. En 1966 se introdujo la botella de HDPE para la leche, que sigue dominando el mercado junto con los envases de PET. La fabricación del HDPE fue controlada por empresas como Celanese, Phillips, Spencer y W. R. Grace.

Estos no fueron los únicos polietilenos obtenidos. También se desarrollaron polietilenos de muy baja densidad,[67] como el polietileno de media densidad (MDPE), el polietileno lineal de baja densidad (LLDPE) y el polietileno de muy baja densidad (VLDPE).

Durante la década de 1940 se logró obtener el polipropileno (PP), pero inicialmente no tuvo utilidad industrial (su estructura era de tipo atáctico).[68] El cambio significativo vino de la mano de Giulio Natta, quien en 1954 produjo por primera vez resina de PP isotáctico,[69] utilizando un catalizador

---

66. El proceso utilizaba óxidos de cromo en bases de silicona para polimerizar etileno a baja presión (3-4 atm) y a temperaturas de entre 70 °C y 100 °C.

67. Gracias a copolimerizar etileno con alfa olefinas se obtienen densidades inferiores (0,880 g/cm³).

68. Disposición aleatoria de los grupos metilos a lo largo de la cadena polimérica.

69. Los grupos metilo de la cadena están en la misma dirección.

similar al empleado por Ziegler. Natta logró un mayor ordenamiento molecular, similar al de los polietilenos LDPE y HDPE. En 1957 la empresa Hoechst inició la producción comercial de PP y su crecimiento fue imparable. Una anécdota interesante es que Natta utilizó un microscopio electrónico para observar la estructura molecular del polipropileno, lo que le permitió mejorar sus propiedades mecánicas.

El descubrimiento del teflón en los laboratorios de DuPont por Roy Plunkett[70] en 1938 también fue accidental. Plunkett estaba investigando refrigerantes cuando abrió un cilindro de gas que había fallado y encontró una sustancia blanca y cerosa que era extremadamente resbaladiza y resistente al calor y a los productos químicos. Esta sustancia se convirtió en el teflón, conocido por sus propiedades antiadherentes. Inicialmente, se utilizó como material protector contra la corrosión, pero después conquistó las cocinas de todo el mundo al ser utilizado en utensilios de cocina, recubrimientos y textiles.

Complementando todos estos avances, en las décadas de 1980 y 1990, se introdujeron los catalizadores metalocénicos, materiales sólidos que contienen óxidos de titanio y circonio.[71] Estos catalizadores mejoraron significativamente respecto a los Ziegler-Natta. Permitieron fabricar todo

---

70. "Roy J. Plunkett", *Science History Institute*. En línea: <https://www.sciencehistory.org/education/scientific-biographies/roy-j-plunkett/>.

71. Walter Kaminsky (2004). "The discovery of metallocene catalysts and their present state of the art", *Wiley*, 9 de julio. En línea: <https://onlinelibrary.wiley.com/doi/full/10.1002/pola.20292>.

tipo de polímeros de adición a la carta, con estructuras homogéneas y consistentes, capaces de generar siempre la misma reacción química.

Los catalizadores metalocénicos permitieron controlar con precisión la composición y la estructura de los polímeros, lo que abrió la puerta a una nueva generación de materiales con propiedades mejoradas, como el polipropileno sindiotáctico, con mayores propiedades de tenacidad mecánica[72] que su isómero;[73] el poliestireno sindiotáctico, con mejores propiedades mecánicas, o los nuevos polietilenos LLDPE mejorados.

Los catalizadores metalocénicos permiten controlar el contenido de los comonómeros, lo que influyó en el crecimiento de las ramificaciones en las estructuras moleculares. Como resultado, se obtuvieron polímeros más tenaces, transparentes y con un comportamiento más previsible en estado fundido.

En resumen, la segunda mitad del siglo XX nos permitió desarrollar todos los polímeros que usamos en nuestro día a día. Gracias al desarrollo de catalizadores específicos y nuevas técnicas de síntesis de polímeros, estos materiales han llegado a dominar el mundo que nos rodea. La historia de los plásticos es un testimonio de cómo la curiosidad, la perseverancia y, a menudo, la suerte, pueden conducir a descubrimientos que transforman nuestra vida cotidiana.

---

72. Cantidad de energía que un material puede absorber antes de romperse. Un material tenaz puede soportar deformaciones significativas sin fracturarse.

73. Tiene la misma fórmula molecular, pero diferentes enlaces entre los átomos.

LA POSTGUERRA. VIVIR CON PLÁSTICOS: "NO PUEDO VIVIR CONTIGO Y NO QUIERO VIVIR SIN TI"

Miércoles, 11 de enero. En cinco días será el cumpleaños de Rubén. Ya no tengo ideas para más regalos, viniendo del periodo de consumo por excelencia, entre Navidad y Reyes. Cojo una bolsa de plástico y meto un juguete empaquetado en plástico. Me dirijo al supermercado, donde muchos de los alimentos que compro están envueltos en plástico para su protección. En la farmacia compró un blíster de plástico con medicamentos, un test de COVID y gripe A, también de plástico, y unas cuantas jeringuillas de plástico. Pago todo con una tarjeta de crédito de plástico.

Al llegar a casa, antes de encender la televisión, que se compone de carcasa y componentes de plástico, anoto la compra en mi hoja de Excel de control de gastos guardada en mi ordenador, que también está fabricado con múltiples compuestos de plástico. Y así podría seguir *ad infinitum*: el plástico está presente en casi todos los aspectos de nuestra vida diaria. Sin duda alguna, este material ha revolucionado nuestra forma de vivir, proporcionando comodidad y funcionalidad en innumerables aplicaciones.

Sin embargo, si retrocedemos a la década de 1950, los plásticos apenas eran utilizados. Las bolsas de plásticos, operativas a partir de 1960, se suplían con cucuruchos de papel. Los embudos servían de recipientes para leche, vino u otros líquidos. Los lácteos se vendían en botellas y tarros de cristal. Y así podríamos seguir con más ejemplos.

¿Cuándo llega el cambio? ¿Cómo llegamos a tener esta vida tan rodeada de plástico? Para contestar ambas preguntas, retomemos nuestra historia.

Unos días antes de las explosiones nucleares en Hiroshima y Nagasaki, J. W. McCoy, vicepresidente de DuPont, pronunció un discurso[74] sobre la transición necesaria de las fábricas de producción militar a producción de consumo después de la guerra. Según McCoy, los negocios prosperarían debido a "una gran acumulación de deseos insatisfechos" por parte de los consumidores. Estos deseos incluían nuevos automóviles y electrodomésticos como lavadoras y radios. Las predicciones de McCoy resultaron acertadas: la conversión de la producción militar a bienes de consumo

---

74. "Plastics and American Culture After World War II", *American Experience*. En línea: <https://www.pbs.org/wgbh/americanexperience/features/tupperware-plastics/>.

creó una "espiral ascendente de productividad", mejorando el nivel de vida de la población, aumentando el ingreso nacional y generando más empleos. Una nueva clase media comenzaba a florecer.

Sin embargo, McCoy advirtió que "un pueblo satisfecho es un pueblo estancado" y sugirió que los fabricantes debían asegurarse de que los consumidores nunca estuvieran completamente satisfechos. Esta economía, moldeada por los deseos insatisfechos, persiste actualmente y podría requerir una reevaluación en el futuro. Como señala Jeffrey Meikle en su libro *American Plastic: A Cultural Historym*,[75] cumplir los deseos de McCoy condujo a una proliferación descontrolada de bienes de consumo. Una cultura inflacionaria desproporcionada con los plásticos como punta de lanza: "Era barato porque era un subproducto del petróleo. Era más procesable que la madera o el acero. Estaba libre de ideas preconcebidas tradicionales respecto a su uso y podía moldearse en cualquier forma que un inquieto impulso por la novedad pudiera concebir. El plástico no solo ofreció un medio perfecto para esta proliferación material, sino que la encarnó y estimuló conceptualmente".

Después de la Segunda Guerra Mundial, la sociedad experimentó una tecnificación acelerada y una coyuntura económica favorable, respaldada por abundantes fuentes de financiación. Hubo claras diferencias entre la Europa de la postguerra, que necesitó más tiempo de recuperación,

---

75. En línea: <https://books.google.es/books/about/American_Plastic.html?id=u_1ePU4GEGAC&redir_esc=y>.

y Estados Unidos, que lideró este periodo. España quedó muy rezagada.

A pesar de esta nueva coyuntura, la industria del plástico aún era incipiente y no había logrado adaptarse completamente a las necesidades de la sociedad civil. Los productos plásticos eran poco conocidos y demandados. Seguían siendo principalmente utilizados en aplicaciones militares. Todavía faltaba algo.

El punto de inflexión se produjo gracias a las audaces campañas de publicidad llevadas a cabo por visionarios empresarios. Estos emprendedores, ansiosos por obtener su parte del mercado, gradualmente transformaron la percepción del plástico y su utilidad. Así, el plástico pasó de ser un material poco conocido y subutilizado a convertirse en un componente esencial de la vida cotidiana. Habíamos superado el punto de no retorno en la forma en que los consumidores percibían y utilizaban los productos plásticos gracias a la combinación de la innovación tecnológica, la financiación y el éxito de las estrategias publicitarias.

La industria del plástico reconoció una oportunidad única y no la dejó pasar. Como dice el refrán, "A veces no hay próxima vez. A veces no hay segundas oportunidades. A veces es ahora o nunca". Una de las principales empresas que se benefició de esta estrategia fue DuPont, cuyo lema era *Mejores cosas para vivir mejor gracias a la química*. En 1948 DuPont patrocinó anuncios a todo color de los vasos de Earl Tupper, fabricados con polietileno. Este plástico, inicialmente diseñado para aislar el cableado eléctrico en dispositivos durante la guerra, encontró un nuevo propósito después del conflicto. En 1949 Earl Tupper reflexionó sobre el polietileno: "Con el fin de la guerra, [el polietileno] era otro joven veterano que había pasado de la infancia a un trabajo de combate. Había hecho bien su trabajo, pero como todos los jóvenes veteranos que regresaban de las guerras, nunca había tenido experiencia como adulto civil".

En esta época los fabricantes conquistaron a los consumidores a través de revistas femeninas como *Good Housekeeping* y *House Beautiful*, dedicando números monográficos a los artículos de plástico para el hogar. Por ejemplo, Saran Wrap[76] promocionó su producto mediante campañas en las que las madres envolvían carne de res en film de plástico para congelar, mientras que las hijas guardaban dulces caseros en paquetes decorativos. En 1947 la revista *House Beautiful* publicó un número especial: "Plastics: A Way to a Better More Carefree Life", de cincuenta páginas, dedicado a "los plásticos un camino hacia una vida mejor y más libre de preocupaciones".[77]

El *marketing* de finales de los años cuarenta tuvo un impacto significativo y crucial. Los productos de plástico se volvieron esenciales para la decoración y el mobiliario del hogar, incluyendo mesas de fórmica, sillas cubiertas de vinilo, televisores con carcasa de plástico y arte mural. La industria experimentó un crecimiento impresionante, con

---

76. "Saran (plastic)", *Wikipedia*. En línea: <https://en.wikipedia.org/wiki/Saran_(plastic)>.

77. "Plastics: A Way to a Better More Carefree Life", *House Beautiful*, vol. 89, n.º 2, 1947, pp. 120, 122, 123.

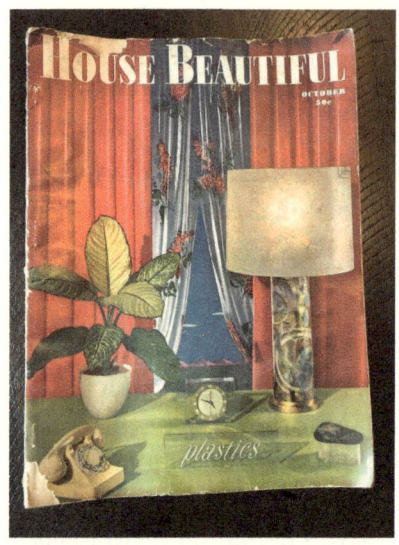

Figura 13. Portada de la revista House Beautiful. *Fuente: Woorthpoint (https://www.worthpoint. com/worthopedia/house-magazine-october-1947-plastics-2011386003)*

un aumento de más del 15 % entre 1946 y 1960.[78] En la década de 1960, el plástico había superado al aluminio en términos de producción.

Es un hecho que, a mediados del siglo xx, tras un periodo de penurias derivado de un conflicto global la economía comenzó a prosperar nuevamente. La sociedad tenía ganas y dinero para gastar. De repente, nos adentrábamos en una nueva época de bonanza económica descomunal, impulsada por un material que ofrecía aplicaciones impensables: el plástico. Se experimentó una especie de utopía plástica cocinada desde antes de la guerra.

---

78. "The History of Plastics Part II: 1935 through 1980". Advanced Plastiform, Inc. En línea: <https://advancedplastiform.com/the-history-of-plastics-part-ii-1935-through-1980/

Figura 14. Imagen de la revista Life. *Fuente: The Ruggist (https://therug-gist.com/throwaway-li-ving-life-magazine-peter-stackpole-the-ruggist)*

El plástico transformó años de escasez y dificultades en un mundo de lujos y comodidades accesibles para todos. Una de las imágenes más emblemáticas de esta época fue la portada de la revista *Life* y su artículo titulado "Vida desechable",[79] que celebraba la llegada de los productos de plástico desechables y resaltaba el tiempo que ahorraban, especialmente el dedicado a tareas de limpieza.

En la imagen podemos observar a una familia celebrando la "fiesta del plástico de un solo uso" lanzando al aire una cantidad majestuosa de objetos diferentes como si estuvieran de fiesta. Una fiesta *desechable*. La idea del plástico de un solo uso se hizo popular, fue recibida como una revelación para ahorrar tiempo.

---

79. En línea: <https://lc.cx/eKSqyz>.

Después de la guerra, la industria del plástico se diversificó enormemente. Se fabricaron todo tipo de productos, desde cubos de basura hasta botellas y *hula-hoops*. Estos nuevos materiales ofrecían ventajas como ligereza, mayor flexibilidad y durabilidad en comparación con los plásticos termoestables como la bakelita.

Sin embargo, no todo fue un camino fácil para el plástico en la postguerra. En 1948[80] Tupperware llegó al mercado y se convirtió en un símbolo icónico de la vida suburbana. A pesar de sus ventajas, el *tupperware* tuvo que superar los prejuicios de aquellos que huían del plástico para almacenar comida debido a su tendencia, según ellos, a romperse y astillar, derretirse y aportar olor. Earl Tupper y Brownie Wise desafiaron estos mitos al promover con éxito los productos *tupperware*. Poco a poco, estos recipientes se volvieron cada vez más populares, contribuyendo a la expansión generalizada de los plásticos. Su textura, forma y diseño los hicieron únicos y familiares en nuestras vidas cotidianas.

El plástico se convirtió en un material cada vez más común durante las décadas de 1950 y 1960. Varios factores contribuyeron a su consolidación, incluyendo los nuevos procesos de producción, como el moldeo por inyección o el termoformado, que permitían una fabricación rápida y económica de artículos plásticos. Esto hizo que los productos de plástico fueran cada vez más accesibles.

---

80. "For Tupperware, our history started 78 years ago with a paint can". Tupperware Brands. En línea: <https://www.tupperwarebrands.com/pages/history?_pos=1&_sid=1f55a37b1&_ss=r>.

Sin embargo, durante este periodo también comenzaron a surgir los problemas medioambientales ligados a los plásticos de un solo uso. Paulatinamente fuimos adoptando nuevos hábitos de consumo, sustituyendo las botellas de vidrio costosas y pesadas por recipientes de plástico o las frágiles bolsas de papel fueron reemplazadas por las resistentes bolsas de plástico. En 1976 el plástico superó a todos los demás materiales y se convirtió en el material más utilizado en todo el mundo.[81]

El plástico desempeñó un papel fundamental al democratizar una amplia gama de bienes para una creciente clase media en una sociedad cada vez más orientada al consumo. Gracias a este material, pudimos crear una infinidad de objetos, dispositivos y aplicaciones, adaptados a todas las formas, tamaños y colores imaginables. La gran ventaja era que todo esto se lograba a bajo costo, lo que facilitaba la vida de todos, independientemente de su posición económica. Las industrias aprovecharon este material deseado, mejorando la calidad de vida de personas comunes en todo el mundo y reduciendo la brecha entre ricos y pobres. El plástico transformó significativamente diversas industrias y se convirtió en un recurso mágico que nos permitía satisfacer necesidades y deseos imaginados. Un material muy seductor que permitía dibujar nuestros sueños manipulando la naturaleza a nuestro antojo, aunque luego esta lo rechace como estamos comprobando actualmente.

---

81. "History of plastics". Plastics Europe. En línea: <https://plasticseurope.org/plastics-explained/history-of-plastics/>.

Segunda parte

LOS PLÁSTICOS
DE NUESTRAS VIDAS

LA SALUD YA NO ES LO QUE ERA

A finales de 2019 tuve un grave accidente de moto que causó la rotura del peroné de mi pierna derecha. En su momento, no me di cuenta de cómo los plásticos me acompañaron en este percance, pero al reflexionar sobre esos días, me doy cuenta de que fueron fundamentales en mi recuperación. Y no, no os estoy "vendiendo la moto" (nunca mejor dicho). Permitidme que exploremos juntos cómo los plásticos han transformado la salud desde mediados del siglo xx y cómo, además, fueron esenciales en mi mejoría.

Durante mi convalecencia tuve que tomarme diversos analgésicos, los cuales se almacenan y transportan en recipientes de plástico. Estos envases se utilizan debido a su gran versatilidad y eficacia. Se emplean en botellas de suero, más ligeras y seguras que las botellas de vidrio que se utilizaban anteriormente. También en ampollas o blísteres que protegen los medicamentos de la humedad, la luz y la contaminación, ayudando a preservar su calidad. Estos envases son ligeros, resistentes y capaces de mantener la integridad de los medicamentos durante largos periodos de tiempo. Todo esto permite que la administración de medicamentos sea más fácil y segura.

También interaccioné con equipos quirúrgicos de plástico, como jeringas con las cuales se administran medicamentos (en recipientes de plástico) a través de tubos, también de plástico. Además, otro producto muy habitual que usé fueron las bolsas de suero. A su vez, utilicé gasas y apósitos, nuevamente compuestos de plásticos. Estos son solo algunos de los muchos ejemplos donde el plástico estuvo presente durante mi estancia en el hospital.

El auge del plástico trajo consigo la generación de nuevos productos y aplicaciones, como hemos vistos en páginas anteriores. En el sector de la salud, nos proporcionó también una serie de dispositivos médicos que han mejorado la calidad de la atención médica. Un ejemplo notable son los marcapasos.

En noviembre de 1952 Paul M. Zoll anunció que había revivido a un paciente víctima de un paro cardíaco mediante un artilugio, en concreto un marcapasos externo.[82] El

---

82. W. H. Abelmann (1986). "Paul M. Zoll and Electrical Stimulation of the Human Heart", *Profiles in Cardiology*, n.º 9, pp. 131-135. En línea: <https://onlinelibrary.wiley.com/doi/pdf/10.1002/clc.4960090311>.

paciente R. A., de 65 años, sufría de insuficiencia cardíaca congestiva y angina de pecho. Zoll señaló que, gracias al marcapasos, se pudo controlar en forma continua el latido cardíaco durante cincuenta y dos horas. La estimulación endocárdica definitiva fue realizada por primera vez por el Dr. Parsonnet.[83]

En España, la primera intervención fue realizada en 1963 por los doctores Castellanos y Berkovitz, quienes colocaron un marcapasos a demanda en modo VAT.[84] Este dispositivo, hecho en gran parte de plástico, tiene un peso que apenas alcanza los 250 gramos, consta de una pila y se coloca en el tejido subcutáneo. Desde allí salen uno o dos cables que, a través de vena subclavia, llegan al corazón (punta del ventrículo derecho y aurícula en algunos casos). Desde 1958 los marcapasos han salvado innumerables vidas al regular el ritmo cardíaco de los pacientes. Se estima que cada año se implanta un millón de marcapasos en todo el mundo.[85]

---

83. MI. Ostabal Artigas; E. Fragero Blesa; A. Comino García (2003). "Los marcapasos cardíacos", *Medicina Integral*, vol. 41, n.º 3, marzo, pp. 151-161. En línea: <https://www.elsevier.es/es-revista-medicina-integral-63-articulo-los-marcapasos-cardiacos-13046289>.

84. El modo VAT se refiere a un tipo de estimulación secuencial donde el marcapasos estimula el ventrículo (V) y detecta la actividad auricular (A) con una respuesta de disparo (T) cuando se detecta una señal auricular.

85. Alex Knapp (2023). "FDA autoriza un nuevo marcapasos de formato mínimo y no invasivo", *Forbes Mexico*, 5 de julio. En línea: <https://forbes.com.mx/fda-autoriza-un-nuevo-marcapasos-de-formato-minimo-y-no-invasivo/#google_vignette>.

El marcapasos es uno de los muchos ejemplos en los que el plástico desempeña un papel crucial en los hospitales. Los plásticos ofrecen una amplia gama de aplicaciones en el sector médico y presentan numerosas ventajas en términos de seguridad, eficiencia y costos. Una de las aplicaciones más importantes y singulares es, sin duda alguna, su uso en jeringas y agujas desechables, así como en catéteres vasculares y urinarios para la administración de medicamentos y el drenaje de fluidos. Las jeringas y agujas de plástico mejoraron sustancialmente la seguridad y la eficiencia de la administración de medicamentos y vacunas. Este avance representó un salto cualitativo clave en la historia de la salud, desempeñando un papel fundamental en el mantenimiento de estrictos estándares de higiene.

Por cierto, este libro me ha permitido aprender muchas cosas del mundo de los plásticos y conocer historias que desconocía totalmente. Un ejemplo es la que a continuación os compartiré relacionada con las jeringuillas de plástico. ¿Sabíais que el inventor de las jeringuillas desechables de plástico fue un español hace cerca de cien años? Pues así es, Manuel Jalón las inventó e incluso perfeccionó.[86] Después de vender la patente inicial a la multinacional holandesa Curver BV, creó la jeringuilla hipodérmica perfeccionada, con un diseño mejorado respecto a las anteriores, conquistando inexorablemente el mercado sanitario. Aun-

---

86. María Senovilla (2021). "Manuel Jalón, militar e inventor", *Revista Española de Defensa*, julio-agosto. En línea: <https://www.defensa.gob.es/Galerias/gabinete/red/2021/07/p-62-65-red-385-jalon.pdf>.

que quizás este nombre os suene más por otra invención, tan famosa o más que las jeringuillas, en concreto, el señor Jalón fue el inventor de la fregona. Jalón, sin duda alguna, es uno de los inventores españoles más famosos de la historia y el que más vidas ha salvado.

Permitidme ir un poco más allá en el tema de las jeringas, ya que su historia y evolución son muy curiosas. La primera curiosidad radica en su etimología de origen mitológico. Su nombre, *jeringa*, proviene del nombre de la ninfa Siringa y de una tragedia. Siringa, tratando de huir del dios Pan, fue convertida en un cañaveral. El dios, no contento con la transformación, cortó el cañaveral y sopló a través de él, transformándolo en una flauta. Siringa se había convertido en un tubo hueco.

La primera jeringa con usos similares (aunque lejanos) a los actuales se reporta en el siglo XVII gracias a Christopher Wren, quien ideó un artilugio compuesto por una pluma de ave en cuyo extremo tenía atada la vejiga de un pequeño mamífero. Con este artilugio, introdujo cerveza y vino en un perro, con nefastos resultados, pero la idea no cayó en saco roto.[87]

La gran explosión en el uso de jeringas vino en el siglo XIX y también tuvo un toque mitológico. Por entonces, se había descubierto el uso terapéutico del opio, pero el descontrol

---

87. Robert Craig (2018). "A history of syringes and needles", 20 de diciembre. Faculty of Medicine. The University of Queensland. Brisbane (Australia). En línea: <https://medicine.uq.edu.au/blog/2018/12/history-syringes-and-needles>.

de las dosis causaba graves adicciones e incluso sobredosis. Para controlar su uso, Friedrich Sertürner[88] decidió ponerse manos a la obra y logró aislar el componente activo del opio. Una vez aislado, probó con distintos animales diferentes dosis hasta que finalmente él mismo se convirtió en su propio paciente. Se lo suministró y, ocho horas después, no presentó ningún síntoma adverso. Lo había logrado, convirtiéndose en la primera persona en aislar un principio activo y, además, en poder dosificarlo y usarlo terapéuticamente. A este componente decidió llamarlo morfina, en honor al dios griego Morfeo, el dios del sueño.

A partir de aquí, a mediados del siglo XIX, Francis Rynd creó la primera aguja de acero hueco y durante cien años fue evolucionando y su uso creció de forma majestuosa.

La evolución de las jeringas vino acompañada de los procesos médicos derivados de su uso. Inicialmente, las jeringas de vidrio y metal se reutilizaban tras un proceso de lavado. Como os podéis imaginar, por cada diez vidas salvadas, una o dos se perdían debido a procesos de contaminación biológica, especialmente por enfermedades como la hepatitis, la polio y la tuberculosis.

En 1947 se patentó la primera jeringa desechable, cuyo inventor fue el estadounidense Arthur E. Smith.[89] Con la ad-

---

88. "Friedrich Wilhelm Sertürner (1783-1841)". *Historia de la Medicina. Biografías*. En línea: <https://www.historiadelamedicina.org/serturner.html>.

89. Arthur E Smith (1947). "Disposable syringe", *United States Patent Office*. En línea: <https://patents.google.com/patent/US2478844A/en>.

ministración de la vacuna contra la polio en Estados Unidos la empresa Becton, Dickinson y Compañía (BD) produjo en masa la primera jeringa desechable de vidrio. Poco después, en la década de 1950, el visionario veterinario y farmacéutico neozelandés Colin Murdoch propuso un modelo de jeringa desechable precargada con vacunas, idea que ha perdurado hasta nuestros días.[90]

Por fin le toca el turno a nuestro protagonista, el plástico. La empresa BD comenzó a comercializar las primeras jeringas desechables de plástico en 1964. Nueve años después, nuestro inventor nacional, Manuel Jalón, perfeccionó el famoso sistema de émbolo de plástico, evitando atascos en el suministro del medicamento. Su diseño fue tan exitoso que Jalón vendió la idea a BD tres años después. Actualmente, BD produce la impresionante cifra de 20 000 millones de piezas al año.

Las jeringas de plástico de uso general están hechas de polipropileno (PP) o polietileno (PE) y, como he dicho anteriormente, garantizan, respecto a otros materiales, mucho más la seguridad de los pacientes. Los plásticos de un solo uso se han convertido en un componente indispensable en los entornos sanitarios, reduciendo el riesgo de contaminación cruzada y salvando vidas. No todos los plásticos de un solo uso son el demonio.

Otro de los usos más interesantes de los plásticos en medicina incluye las prótesis articulares, los componentes de

---

90. "Murdoch, Colin Albert", *Te Ara. The Encyclopedia of New Zealand*. En línea: <https://teara.govt.nz/en/biographies/6m12/murdoch-colin-albert>.

reemplazo, los *stents* coronarios y los dispositivos de reparación ósea. Los *stents* de plástico se utilizan para mantener abiertas las arterias coronarias estrechadas o bloqueadas, mejorando así el flujo sanguíneo al corazón. Las prótesis de plástico han mejorado la calidad de vida de millones de personas que han necesitado reemplazos de articulaciones.

Los cinco plásticos más usados en el sector médico son:[91] (a) el polietileno (PE), utilizado en dispositivos como jeringas, delantales, batas, guantes desechables, bolsas de suero y componentes de implantes debido a su alta densidad, versatilidad y dureza. (b) El polipropileno (PP), comúnmente encontrado en jeringas, toallitas, contenedores para objetos punzantes, recipientes desechables, cubrezapatos, catéteres, tapas de botellas y envases farmacéuticos y equipos médicos desechables debido a su gran versatilidad, ligereza y resistencia a altas temperaturas. (c) El policarbonato (PC), utilizado en la fabricación de equipos médicos como máscaras faciales, protectores oculares y dispositivos de administración de medicamentos debido a su resistencia a grandes impactos y altas temperaturas. (d) El cloruro de polivinilo (PVC), empleado en tubos, bolsas de sangre, catéteres y otros dispositivos médicos. Y, por último, (e) la silicona, utilizada en implantes médicos debido a su biocompatibilidad y capacidad de adaptarse a diferentes formas y tamaños.

La importancia de los plásticos en el sector médico es innegable. Estos materiales desempeñan un papel crucial en la

---

91. "Importance of plastics in medicine". Sintac. Recycling, 3 de mayo de 2023. En línea: <https://sintac.es/en/importance-of-plastics-in-medicine/>.

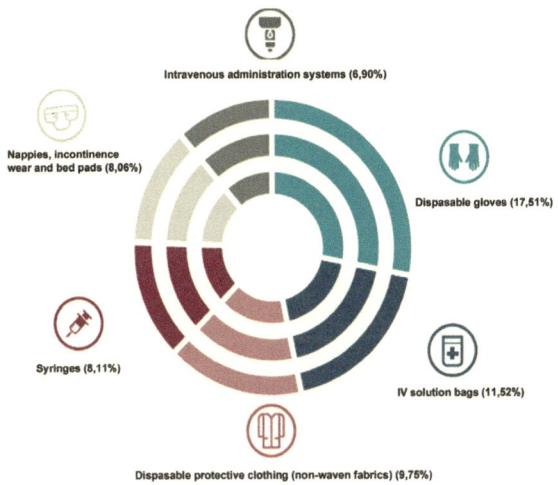

Figura 15. Uso de los plásticos en medicina. Fuente: Murcia Salud (https:// www.murciasalud.es/recursos/ficheros/504560-MEMORIA_2021.pdf)

fabricación de dispositivos médicos, envases farmacéuticos e implantes que salvan vidas y contribuyen al bienestar de los pacientes. En el ámbito de la salud, la esterilización es clave, no solo para prevenir infecciones y garantizar la seguridad del paciente y la inocuidad del entorno, sino también porque se puede realizar de manera sencilla. Los plásticos nos permiten garantizar dicha esterilización. Sus ventajas en términos de ligereza, flexibilidad, esterilidad, durabilidad y costo-efectividad hacen que los plásticos sean una opción preferida en el campo de la medicina. Al conocer las aplicaciones y los polímeros más utilizados, podemos apreciar aún más el impacto positivo que los plásticos han tenido en el avance de la atención médica moderna.

La durabilidad y resistencia tanto a productos químicos como al calor o a los fuertes impactos facilita la creación de dispositivos médicos que pueden soportar condiciones rigurosas y un uso prolongado. Su coste es bajo en comparación con otros materiales, lo que contribuye a reducir la factura médica, que, como sabemos, es muy alta.

Además, los plásticos, y en concreto los termoplásticos, permiten su reciclado y reutilización. Esto hace posible que aquellas piezas que no hayan sido utilizadas durante el proceso de fabricación puedan ser recicladas y pasen de residuo a recurso.

Para concluir este capítulo, quiero hacer una reflexión que ampliaré en otros capítulos, pero que considero importante abordar ahora. Como hemos visto, el impacto de los plásticos en el sector de la salud ha sido clave en la sociedad moderna. Sin embargo, este sector también muestra un excesivo uso y una gran dependencia de los plásticos, lo cual puede afectar negativamente tanto a la salud humana como al medio ambiente en cada etapa de su ciclo de vida. Además, como sufrimos durante la pandemia, la escasez de productos médicos evidenció nuestra gran dependencia de los plásticos. Otra virtud de los plásticos que se ha convertido en problema son los plásticos desechables o de un solo uso (se estima que cerca del 70 % de los plásticos usados en salud son de este tipo), ya que generan una enorme cantidad de productos de residuos. Debemos ser realistas, el reciclado de los plásticos no está funcionando todo lo bien que nos gustaría.

Sin duda alguna, como en otros sectores, es necesario evaluar y transformar las prácticas actuales para hacer un uso más eficiente del plástico en el sector. Quizás facilitando la reutilización o siguiendo un modelo eficiente de economía circular, con un enfoque que apueste por las 5R: rechazar, reducir, reutilizar, reparar y reciclar. Si hemos sido capaces de inventar estos plásticos tan maravillosos, ¿por qué no podemos pensar soluciones que fomenten otros productos, materiales y servicios que sean reutilizables?, querer es poder. ¿Cómo? Pues aquí comparto algunas soluciones:

• Compartiendo con pacientes que tienen estancias largas (más de 4/7 días) vasos, cubiertos o platos que no sean de un solo uso, reemplazándolos con alternativas reutilizables, como vasos de vidrio, cubiertos de acero inoxidable o platos de cerámica. Es un paso sencillo, pero efectivo para reducir el desperdicio de plástico.

• Minimizando alimentos contenidos en plásticos como *snacks*. Además, podemos evitar botellas de plástico sustituyéndolas por garrafas y vasos de vidrio.

• Usando recipientes biodegradables y la disminución del uso de toallitas no desinfectantes.

Desde el punto de vista técnico, para reducir el uso de plásticos, es fundamental tener conocimiento de los plásticos usados. Para tener este conocimiento, existen dos métodos que aportan excelentes resultados:

1. Una auditoría de residuos plásticos, examinando los tipos y cantidades de plástico desechado y añadiendo las prácti-

cas operativas diarias para identificar los artículos plásticos utilizados con mayor frecuencia.

2. Analizar las compras y adquisiciones para identificar los productos plásticos adquiridos, sobre todo los adquiridos de forma regular. Esto nos dará una información muy valiosa sobre los volúmenes y tipos de plástico utilizados en el hospital o centro de salud.

En conclusión, aunque el uso de los plásticos en el sector de la salud es crucial, es innegociable que debemos minimizar el uso de plásticos de un solo uso. Esto es una responsabilidad compartida. Como consumidores y usuarios, podemos elegir alternativas más sostenibles y presionar a las empresas y gobiernos para que tomen medidas que nos beneficien a todos. La transición hacia materiales más seguros y reutilizables es esencial para proteger nuestra salud y la del planeta.

¿A QUÉ SABEN LOS PLÁSTICOS?

Mi hija estaba indignada. Tenía entre sus manos cuatro plátanos dentro de un recubrimiento de plástico y no se lo podía creer.

—Papá, no lo entiendo. ¿Por qué estos plátanos están dentro de una bolsa de plástico? ¿Y ese melón partido por la mitad con un kilo de plástico?, si ya tiene su piel. No es necesario y contamina el planeta.

Mi hija tenía razón, aunque estaba un poco sugestionada porque llevaban toda la semana en clase hablando de la contaminación del plástico, los microplásticos y todos los problemas asociados. Diciéndolo suavemente, estaba "contaminada con este tema". Eso no quita que los hechos son los hechos. El siglo xxi ha presenciado el auge incontrolable de los residuos plásticos. Se estima que estos se han duplicado en los últimos veinte años y dentro de poco alcanzarán la inasumible cifra de 400 millones de toneladas,

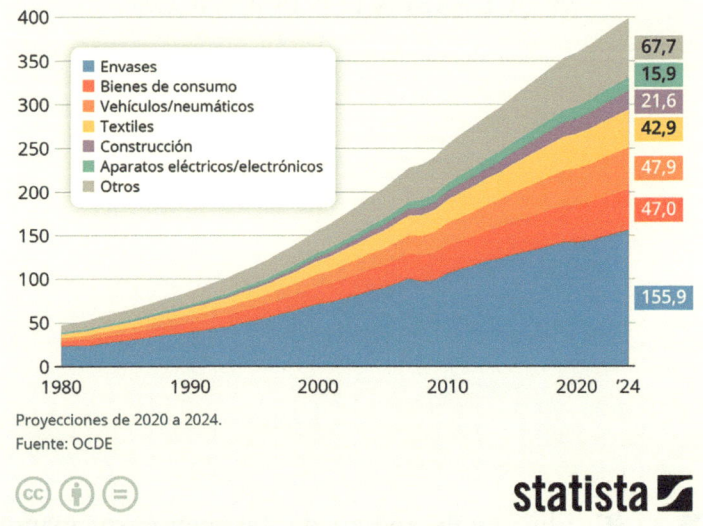

400 —

350 — ■ Envases
    ■ Bienes de consumo
300 — ■ Vehículos/neumáticos
    ■ Textiles
250 — ■ Construcción
    ■ Aparatos eléctricos/electrónicos
200 — ■ Otros

150 —

100 —

50 —

0 —
  1980   1990   2000   2010   2020 '24

67,7
15,9
21,6
42,9
47,9
47,0
155,9

Proyecciones de 2020 a 2024.
Fuente: OCDE

statista

Figura 16. Producción mundial de residuos plásticos por tipo. Fuente: OCDE (https://es.statista.com/grafico/30051/produccion-mundial-de-residuos-plasticos-por-tipo/)

según el informe Perspectivas Mundiales del Plástico de la OCDE.[92]

Y esto es solo la punta del iceberg. Se estima que cada minuto se vende más de un millón de botellas de agua en todo el mundo[93] y cada año se producen cerca de 150 millones de

---

92. "Plastics", OECD. En línea: <https://www.oecd.org/environment/plastics/>.

93. Zeineb Bouhlel; Jimmy Köpke (*et al.*) (2023). "Global Bottled Water Industry: A Review of Impacts and Trends", United Nations, University Institute for Water, Environment and Health. En línea: <https://collections.unu.edu/view/UNU:9106>.

toneladas de envases de plástico. Muchos de ellos se usan en la industria de la alimentación. Estamos hablando de muchos envases. Pero ¿por qué necesitamos tanto plástico?

Un supermercado, como el que criticaba mi hija, es un escenario singular para demostrar el protagonismo de los plásticos en la fabricación de recipientes, envases de alimentos o bebidas debido a su capacidad para conformarse, adaptándose a diferentes tipos de alimentos y envases. Los envases de plástico transparentes permiten ver el contenido, lo que facilita la identificación del producto y mantienen los alimentos frescos, logrando ser no perecederos, con mayor capacidad de preservación al ser impermeables y más seguros por más tiempo. Así, el envasado de plástico crea una barrera protectora contra el oxígeno, la luz y la humedad, lo que ayuda a preservar la frescura y calidad de los alimentos. Los envases herméticos evitan la entrada de microorganismos y retrasan la descomposición.

UNA HISTORIA EMBALADA

Este verano tuve la oportunidad de visitar la magnífica región del Perigord Noir en Francia. Es una experiencia totalmente recomendable, con paisajes impresionantes, ríos serpenteantes, majestuosos castillos y encantadores pueblos de postal. Además, esta zona conserva un fascinante trozo de prehistoria que los visitantes pueden admirar.

Por ejemplo, tuve la oportunidad de visitar los poblados de Le Madeleine y La Roque-Gageac. El primero da nombre a una época del Paleolítico Superior, conocida como el Magdaleniense, que data aproximadamente hace 17 000 años. El estado de conservación es excelente, por lo que la visita, especialmente con niños, merece mucho la pena.

El Magdaleniense se asociaba a tribus sedentarias y sus recipientes se caracterizaban por sus formas geométricas y adornos gráficos elaborados.[94] De esta época datan algunos de los primeros envases naturales, hechos de troncos de árbol, conchas marinas, rocas con huecos y, posteriormente, pieles de animales. El envasado de alimentos tiene una larga historia que, como vemos, no comenzó con el auge de los plásticos, sino que se remonta a la antigüedad.[95]

Es interesante notar que en esta remota época ya se reportan las primeras cantimploras, construidas con cuero animal. Su uso se hizo más extensivo hacia el 3000 a. C. Esto es lógico si pensamos que las sociedades se volvían cada vez más sedentarias y, por tanto, las cantimploras o recipientes tipo cestos hechos con tallos vegetales, mimbre o bolsos de paja cada vez eran más habituales.

En esta época destacó la cultura egipcia. De allí se reportan recipientes de protección y transporte de comida basados en el vidrio, aunque no el mismo tipo de vidrio que

---

94. "Magdaleniense", *Wikipedia*. En línea: <https://es.wikipedia.org/wiki/Magdaleniense>.

95. "Historia del embalaje (o packaging): un pequeño recorrido de la prehistoria a la actualidad", *Legro Workplace Solutions*, 4 de agosto de 2021. En línea: <https://legro.es/historia-embalaje-packaging-recorrido-prehistoria-actualidad/>.

conocemos hoy en día. Su descubrimiento, como tantos otros, fue por casualidad y se atribuye a unos mercaderes bereberes. Según las crónicas de Plinio el Viejo,[96] unos mercaderes en su ruta de Siria a Egipto encendieron una fogata en medio del desierto para calentar un recipiente con comida, el cual estaba hecho de natrón (carbonato de sodio). Al despertar, descubrieron unos trozos de un material casi transparente. Habían descubierto el primer (pseudo) vidrio. Aunque el material era frágil y no permitía ver con facilidad lo que contenía, los egipcios lograron que las tinajas de vidrio fueran suficientemente impermeables para transportar agua.

La reacción que supuestamente ocurrió fue entre el carbonato cálcico del natrón y la sílice de la arena del desierto, alimentada por la alta temperatura del fuego. A partir de aquí, el vidrio, en sus distintas formas, se popularizó. Cabe mencionar que fueron los fenicios los primeros en fabricar vidrio transparente gracias a las arenas finas del popular río Belo.[97]

El siguiente protagonista de los embalajes fue el papel, descubierto en China hacia el siglo I a. C.[98] Se utilizó con

---

96. Plinio el Viejo (1624). *Historia natural de Cayo Plinio Segundo*. Madrid: Luis Sánchez. En línea: <https://archive.org/details/historianatural00segogoog>.

97. Ecovidrio (2024). "La historia del vidrio: origen y evolución de uno de los materiales más antiguos", *Hablando en Vidrio*, 8 de agosto. https://hablandoenvidrio. com/historia-del-vidrio-i/. En línea: <https://hablandoenvidrio.com/historia-del-vidrio-i/>.

98. "History of paper", *Wikipedia*. En línea: <https://en.wikipedia.org/wiki/History_of_paper>.

éxito para transportar y cubrir alimentos, aunque no llegó a Occidente hasta varios siglos después. En esta época, los romanos usaban madera para transportar líquidos y sólidos a granel.

Para nuestra siguiente etapa, debemos dar un considerable salto temporal y centrarnos en uno de los grandes personajes de la historia, Napoleón. Como sabéis, Napoleón ideó un ambicioso plan para expandir la república más allá de las fronteras francesas. Uno de los retos más importantes era la conservación de la comida durante largos periodos de tiempo. Para encontrar un nuevo material o sistema que cumpliera con estos requisitos, Napoleón ofreció un suculento premio de 12 000 francos[99] a quien lograra desarrollar un sistema para conservar alimentos durante largos periodos y que pudieran consumirse en el campo de batalla en los confines del continente. El ganador del premio fue el cocinero Nicolas Appert. Su propuesta, quizás basada en sus conocimientos como maestro confitero, fue la comida en conserva.

Tras una década de intensa investigación, Appert, en su incansable búsqueda de la piedra filosofal que mantuviera los alimentos frescos durante largos periodos sin descomponerse, descubrió un método revolucionario. Observó que, al introducir los alimentos en una botella sellada con

---

99. Gemma del Caño (2017). "12000 francos para conquistar el mundo", *Cuaderno de Cultura Científica*, 17 de noviembre. Universidad del País Vasco. En línea: <https://culturacientifica.com/2017/11/17/12000-francos-conquistar-mundo/>.

tapones de corcho y cera, y luego someterla a calor, los alimentos permanecían comestibles durante mucho tiempo. Este proceso evitaba que se estropearan.

Gracias a su pericia e imaginación, Appert ganó el codiciado premio, aunque el fenómeno detrás de la conservación de los alimentos seguía siendo un misterio para él. Años después, otro francés ilustre, Louis Pasteur, demostró que la clave del ingenio de Appert era la desactivación de bacterias internas mediante el hervor de los alimentos. Así, la azarosa combinación de calor y presión se convirtió en el secreto para que los alimentos se mantuvieran comestibles por más tiempo.

Este legado culinario, nacido de la motivación económica y el conocimiento científico, sigue siendo aprovechado en nuestros días. Un ejemplo es la olla a presión, la cual siempre asocio a los suculentos garbanzos que me preparaba mi abuela. Con esta olla pudimos cocinar más rápido y conservar intactos los sabores y nutrientes de los alimentos.

De todos modos, el gran salto con el embalaje vino con la Revolución Industrial, la antesala de lo que ocurriría en el siglo xx. La producción en masa generada por el descubrimiento de la máquina de vapor amplió el consumo y las necesidades de la población de forma exponencial. La demanda de nuevos materiales se multiplicó, especialmente para la conservación de todo tipo de bienes, en particular de los alimentos. Materiales como la hojalata (latas) y el vidrio (tarros) se convirtieron en comunes para la producción, protección y conservación de los alimentos. Sin embargo, hubo un material que tuvo un enorme protagonismo, el cartón. Este material permitió la conservación y abrió las puertas a la comercialización gracias a las nuevas técnicas de imprenta y a la mejora de las técnicas de venta. Se demostró que la forma de presentar el producto o el alimento podría atraer más al consumidor.

Como el cartón no podía satisfacer toda la demanda creciente, el advenimiento de un nuevo material, el plástico, cubrió las carencias del cartón hasta llegar a conquistar de forma irreversible el mercado.

¿Quién cumple con todos los requerimientos que demanda la conservación y el transporte de los alimentos? Los plásticos. Imaginemos que en la industria X fabricamos un alimento. Para que llegue a nuestras casas intacto, necesitamos envasarlo, transportarlo (consumiendo el mínimo combustible y energía) y garantizar su conservación, preservarlo de la contaminación y, por supuesto, asegurar su frescura y sabor (esto parece un anuncio de la tele). Así, los plásticos protagonistas de la industria del empaquetado alimentario actual son los de la figura 17.

En un mundo con millones de personas a alimentar, no nos podemos dar el lujo de malgastar los alimentos (sé que esto suena utópico). Los envases plásticos reducen los desperdicios al prevenir daños y alargar la vida de los alimentos. Además, si pensamos en la huella ecológica o la huella del carbono, los plásticos necesitan menos energía para ser transportados (pesan menos) y para ser fabricados respecto a alternativas como el vidrio o el metal.

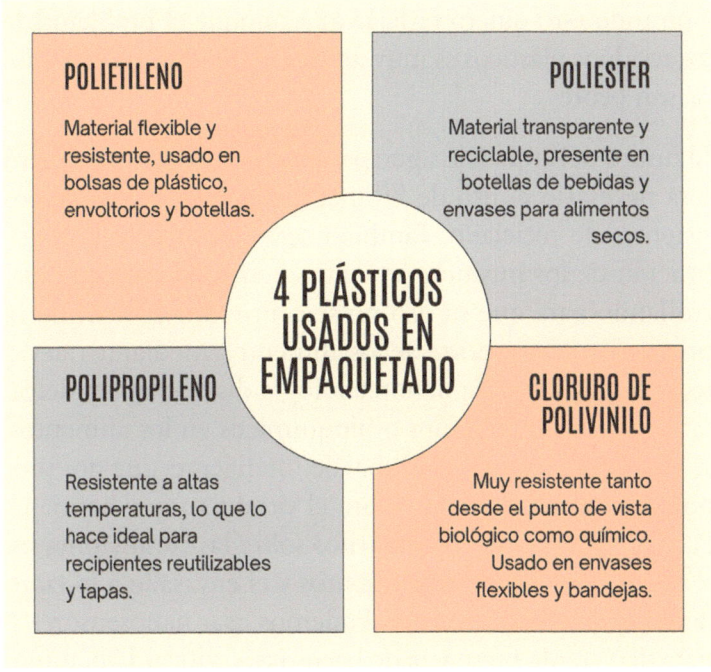

POLIETILENO

Material flexible y resistente, usado en bolsas de plástico, envoltorios y botellas.

POLIESTER

Material transparente y reciclable, presente en botellas de bebidas y envases para alimentos secos.

4 PLÁSTICOS USADOS EN EMPAQUETADO

POLIPROPILENO

Resistente a altas temperaturas, lo que lo hace ideal para recipientes reutilizables y tapas.

CLORURO DE POLIVINILO

Muy resistente tanto desde el punto de vista biológico como químico. Usado en envases flexibles y bandejas.

Figura 17. Plásticos usados en empaquetado de alimentos. Elaboración propia.

Algunos de los actuales formatos usados para el envasado plástico de alimentos pueden volver a sellarse, lo que permite un consumo discrecional y minimiza el desperdicio de alimentos. Aunque pueda parecer absurdo envasar ciertos alimentos de forma individual o tener sopa en una bolsa reutilizable, esto nos permite un consumo discrecional (consumir solo lo necesario), evitando así el desperdicio de alimentos (mediante el deterioro y la reducción de la fuente).

Con todo esto quiero reflejar que, aunque el problema de los residuos plásticos es muy grave, las alternativas, por ahora, son peores.

El futuro del embalaje sigue pasando por los plásticos, pero será necesario el uso de biomateriales y la mejora de los sistemas de reciclado. También será importante la reutilización de los mismos. Además, el embalaje se está desarrollando para que su uso no se centre únicamente en la protección o transporte de los alimentos. Mediante nuevas tecnologías, como la nanotecnología diseñada para detectar cambios microbianos o bioquímicos en los alimentos, se está desarrollando el embalaje inteligente, que nos proporcionará información sobre el producto que contiene. Por ejemplo, puede informarnos sobre las condiciones internas y externas de los alimentos y el envasado a lo largo de la cadena de suministro. Podemos usar nanosensores[100] para detectar la presencia de bacterias, verificar la manipulación del alimento, es decir, si ha seguido correctamente o no la cadena de frío, su estado de maduración, etc. Además, gracias a diferentes nanopartículas, como el dióxido de titanio o la nanoplata, podemos interaccionar con el alimento, aportándole nuevas propiedades, como las antimicrobianas. También podemos obtener envases mejorados, implementando la resistencia a la humedad, la temperatura o creando una mejor barrera de gases en el envasado. Así, la nanotecnología en el envasado de alimentos ofrece

---

100. *Nano* significa la mil millonésima parte de un metro. Un nanosensor es un sensor que funciona gracias a principios o materiales nanotecnológicos.

soluciones innovadoras para extender la vida útil de los productos envasados, prevenir la contaminación y reducir el desperdicio.

En resumen, imaginemos que existiera un MUNDO SIN PLÁSTICOS. Nos enfrentaríamos a tremendos desafíos logísticos, económicos y medioambientales. Sin los plásticos, el desperdicio alimentario sería incontrolable y la hambruna aumentaría, ya que los alimentos serían vulnerables a la humedad, la luz y la contaminación.

Además, los alimentos no mantendrían su frescura, su tiempo de conservación se reduciría drásticamente y las intoxicaciones alimentarias aumentarían debido a la disminución de la seguridad alimentaria y la migración de sustancias dañinas. Sin plásticos, habría desafíos adicionales para mantener la inocuidad.

El precio de los alimentos se dispararía, ya que los costos de envasado y transporte serían mucho más altos. El consumo energético y, por ende, el precio de la energía, aumentarían. A todo esto, le tendríamos que sumar el coste de afrontar la gestión de nuevos residuos.

Lo que debemos hacer, como iremos relatando en distintos capítulos, es implementar de manera efectiva y apropiada sistemas de optimización y economización de los plásticos para respaldar la resiliencia, la sostenibilidad y la salud planetaria del sistema alimentario. Sin dilación, hemos de abordar su impacto ambiental mediante prácticas sostenibles y regulaciones adecuadas.

EL TRONCOMÓVIL

Me encontraba delante de la tele, junto a mi hijo pequeño, Rubén. Estábamos viendo una película que me transportaba a mis años de la infancia, *Los Picapiedra*. De repente, el inconfundible Pedro Picapiedra puso los pies en polvorosa y, tras su icónico grito de guerra "¡Yabayabadú!", cogió el troncomóvil y raudo se dirigió a su trabajo. Mi hijo, que es muy curioso, me preguntó cómo Pedro era capaz de mover un coche de piedra. Yo, tranquilamente, le empecé a explicar el mecanismo del troncomóvil, la forma de las ruedas y cómo, con un pequeño impulso, Pedro podía mover su coche.

Rubén me miró poco convencido con mis explicaciones y me dijo:

—Papá, ya sé cómo funcionan las ruedas, pero ¿cómo es capaz Pedro de sujetar y cargar el peso del coche y, además, moverlo tan rápido si es de piedra?

Me quedé patidifuso con la pregunta y opté por una respuesta práctica:

—Rubén, ese coche ni existe ni ha existido nunca, es solo una invención.

Rubén no se quedó para nada convencido, pero no insistió con la pregunta. Cogió unas cuantas palomitas y siguió disfrutando de la película. Yo, en cambio, empecé a pensar si sería posible mover un coche de esas características y me quedé con el tema y el reto en la cabeza.

A mí me gusta mucho el concurso *El hombre más fuerte del mundo*.[101] Seguro que os suena. En el programa, bestias como el islandés Hafpor Julius Bjornsson, más conocido como La Montaña de *Juego de Tronos*, son capaces de caminar con un coche colgado a sus hombros varios metros, al estilo Picapiedra. El coche está vacío por dentro, como el troncomóvil. Se estima que pesa un poco más de 400 kg. Este coche está hecho de metal, pero si fuera de piedra como el troncomóvil,[102] tendría que pesar un mínimo de diez veces más, unas cuatro toneladas. No me imagino al rollizo Pedro Picapiedra levantándolo.

Si el coche que es capaz de levantar La Montaña no estuviera vacío por dentro, ¿lo podría levantar? La respuesta es un rotundo no. Un coche estándar pesa unos 1 500 kilo-

---

101. "El hombre más fuerte del mundo", *Wikipedia*. En línea: <https://es.wikipedia.org/wiki/El_hombre_m%C3%A1s_fuerte_del_mundo>.

102. Si nos fijamos bien en los dibujos, realmente está hecho de madera.

gramos (de media), algo imposible incluso para los 2 m y 180 kg de Hafpor.

El peso estimativo de 1,5 toneladas para un coche medio solo es posible porque entre un 15 % y un 20 % de los materiales son polímeros, aproximadamente unos 225-300 kilos. Si en vez de plásticos utilizáramos acero, el coche aumentaría en peso un 35 %-40 % aproximadamente, pasando a unas 2 toneladas. Esto no es baladí, ya que según un estudio[103] de Automotive Trends Report realizado en el 2018 por la Agencia para la Protección del Medio Ambiente del gobierno de Estados Unidos, por cada 45 kg de peso disminuido en un coche, su eficiencia energética aumenta hasta un considerable 2 %. Por lo tanto, por cada 100 kg de componentes plásticos sustituimos hasta 300 kg de acero. Esto deriva en un ahorro de combustible aproximado de 750 litros por cada 150 000 km y 30 toneladas menos de emisiones de CO_2 al año solo en Europa. Esto es mucho combustible ahorrado y muchas menos emisiones desprendidas.

El uso de los plásticos en el sector del automóvil es hoy muy común, pero hasta hace apenas cincuenta años, este apenas llegaba al 3 %. Sin los plásticos, ninguno de los automóviles de la actualidad circularía por nuestras calles.

Actualmente, podemos encontrar plásticos en los automóviles del tipo **termoplásticos** como el polipropileno

---

103. "How much would a car weigh if all of its plastic parts were made from a different material?". Knauf Industries, 23 de febrero de 2024. En línea: <https://nepis.epa.gov/Exe/ZyPURL.cgi?Dockey=P100Z9BX.TXT>.

(PP), el acrilonitrilo-butadieno-estireno (ABS), las poliamidas (PA), los polietilenos (PE) o el cloruro de polivinilo
(PVC); **termoestables**, como las resinas de epoxi (EP) y las
resinas de poliéster insaturado (UP); **elastómeros** como
el poliuretano (PUR o PU) y el etileno-propileno-dieno
(EPDM) o compuestos de dos o más materiales, denomi-
nados **composites**, como las fibras sintéticas de vidrio, de
carbono o de kevlar unidas con resinas.

Aunque existen diferentes tipos de polímeros que se pueden utilizar en un solo modelo de automóvil (véase la
figura 18), solo tres tipos de plásticos representan aproximadamente el 66 % del total de plásticos utilizados en
un coche: polipropileno (32 %), poliuretano (17 %) y PVC
(16 %).[104]

Estos polímeros son los materiales básicos de componentes como los parachoques, las rejillas, los faros, los guarda-
barros, los alerones, las molduras, el salpicadero, los paneles, los revestimientos de puertas, o elementos mecánicos
como los colectores de admisión, el cárter, el tapón de gasolina, los conductos de aire climatizado, los soportes de
radiador o las piezas de las conexiones eléctricas existentes
en el automóvil. Dominan los acabados interiores del ha-
bitáculo. También aparecen en la carrocería, tal y como
acabamos de comentar en los ejemplos previos. Además,
son elementos clave de la seguridad del coche gracias a

---

104. Katarína Szeteiová. "Automotive materials plastics in automotive
markets today". University of Technology Bratislava. En línea: <https://
www.mtf.stuba.sk/buxus/docs/internetovy_casopis/2010/3/szeteiova.pdf>.

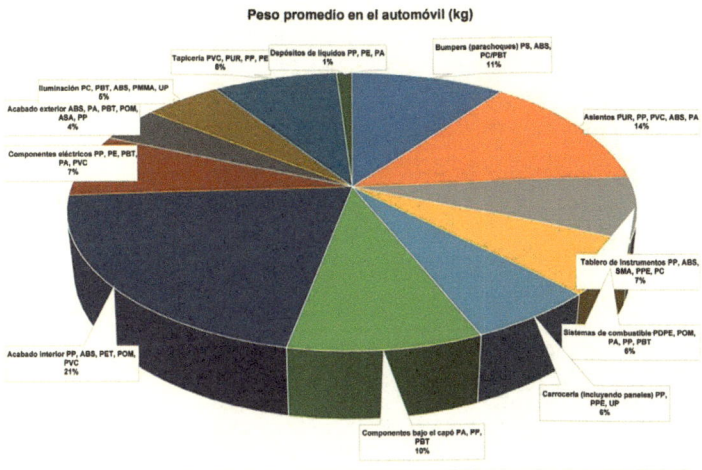

Peso promedio en el automóvil (kg)

Figura 18. Porcentaje y tipos de plástico usados en automoción. Elaboración propia.

su resistencia y ligereza, tal y como comprobamos en airbags o cinturones de seguridad. Todo ello debido a su resistencia a la corrosión, su bajo coste y peso, su versatilidad, adaptabilidad a distintas formas y su gran flexibilidad, que en conjunto son perfectas para facilitar el diseño final de las diferentes piezas del automóvil.

En resumen, el sector de la automoción ha encontrado en los plásticos a sus grandes aliados. Se estima que un automóvil se puede llegar a constituir hasta por unas 30 000 piezas, de las cuales alrededor de 10 000 son de plástico en función del modelo y varían en diversas formas y tamaños en la composición del automóvil, convirtiéndose en el segundo material más utilizado en la fabricación de

Polímeros en Automoción

A.B.S (ACRILONITRILO BUTADIENO ESTIRENO)
Spoilers, rejillas, tapacubos, interiores de salpicadero, etc.

ABS PC (ABS POLICARBONATO ALPHA)
Rejillas, alerones, cantoneras, etc.

PA (POLIAMIDA)
Rejillas, tapacubos, revestimiento de interiores.

PC (POLICARBONATOS)
Spoilers y cantoneras, rejillas, paragolpes, etc.

TERMOPLÁSTICOS

PE (POLIETILENO)
Canalizadores, baterías, revestimientos de pasos de rueda, parachoques, etc.

PP (POLIPROPILENO)
Todo tipo de elementos y piezas

PP - EPDM (ETILENO PROPILENO DIENO MONOMERO)
Parachoques, revestimientos interiores o exteriores, spoilers y alerones, etc.

PVC (CLORURO DE POLIVINILO)
Cables eléctricos, suelos de autobuses, etc.

TERMOESTABLES

GU.P. / BMC·SMC·MMC (RESINAS DE POLIÉSTER REFORZADAS CON FIBRA DE VIDRIO)
Portones, capós, rejillas, isotermos, canalizadores, etc.

EP (RESINA EPÓXI)
Modificación de las piezas de carrocería como faldones, paragolpes, taloneras, alerones, etc.

GFRP (PLÁSTICOS REFORZADO CON FIBRA DE VIDRIO)
Parachoques, salpicaderos, etc.

ELASTÓMEROS

POLIURETANO TERMOPLÁSTICO (PU O PUR SI ES REFORZADO) EL ETILENO-PROPILENO-DIENO (EPDM)O EL ESTIRENO-BUTADIENO (SBR)
Spoilers, juntas a goma para lunas.

Figura 19. Ejemplos de piezas plásticas utilizadas en automoción. Elaboración propia.

vehículos.[105] A esto hay que añadir que los plásticos juegan un papel crucial en la reducción del costo y el impacto ambiental de los vehículos. Se estima que existen actualmente más de 1 400 millones de coches en el mundo y solo una familia de materiales, la de los plásticos, garantiza que los coches sean más seguros, más ligeros, más eficientes en el consumo de combustible y, por lo tanto, más sostenibles con el medio ambiente.[106] Otra cosa sería realizar un análisis de si es necesario que tantos vehículos estén en circulación habiendo alternativas, pero esto es harina de otro costal.

Los coches actuales son más seguros y funcionales, garantizando un mayor rendimiento y menor consumo que el de nuestros abuelos y bisabuelos. Además, son mucho más sostenibles si consideramos algunos cálculos que indican que por cada 100 kg menos de peso en el vehículo, se reducen aproximadamente 0,2 litros de consumo de combustible por cada 100 km, disminuyendo las emisiones de CO_2 en aproximadamente 10 g/km.

El presente de la automoción está dominado por los componentes plásticos, y todo indica que el futuro también

---

105. Adrián Méndez Prieto (2023). "Plásticos en la industria automotriz: aspectos clave de sustentabilidad", *Plastics Technology México*, 1 d'abril. En línea: <https://www.pt-mexico.com/articulos/plasticos-en-la-industria-automotriz-aspectos-clave-de-sustentabilidad>.

106. Rob Stumpf (2023). "Here's About How Many Cars Are There in The World in 2023", *The Drive*, 17 de octubre. En línea: <https://www.thedrive.com/guides-and-gear/how-many-cars-are-there-in-the-world>.

lo estará, ya que componentes clave para la fabricación de vehículos eléctricos, híbridos y propulsados por hidrógeno también dependerán de los plásticos.

Así como en otros sectores podemos especular con la eliminación o reducción de algunos plásticos, en el sector del automóvil, su sacrificio puede comprometer, por ejemplo, nuestra propia vida al ser componentes cruciales en la seguridad de los vehículos. Según la directiva de seguridad vial de la UE del 2008,[107] el uso del cinturón de seguridad podría salvar hasta 7 300 vidas al año en Europa. Las estimaciones del Consejo Europeo de Seguridad en el Transporte (ETSC) muestran que aproximadamente el 50 % de todos los conductores y pasajeros que mueren en un accidente fatal en la UE podrían haber sobrevivido si hubieran usado sus cinturones de seguridad. Casi nada.

En el capítulo ya hemos compartido algunos números sobre la importancia del plástico. Por ejemplo, si un coche estándar recorriera 150 000 km durante su vida útil a un promedio de 12 km por litro, gracias a los plásticos ahorraría hasta 10 000 km de combustible. Además, gracias a su resistencia a la corrosión, la vida útil promedio de un coche supera los doce años. Los plásticos no solo ahorran energía y reducen las emisiones de gases de efecto invernadero, también ahorran otros recursos minerales.

---

107. La Directiva 2008/96/CE de la UE establece una orientación en materia de seguridad vial, en particular, la gestión de la seguridad de la infraestructura vial.

Actualmente, hay una clara aversión hacia los plásticos, pero como venimos remarcando insistentemente en el libro, debemos balancear su uso. Si la alternativa es posible, adelante, si no, evitémosla. Tened en cuenta que si los plásticos en un coche fueran sustituidos por otros materiales, se estima que se incrementaría la energía adicional en 1,020 MGJ/a (millón de giga julio/año), es decir, un 26 % adicional.[108] Sería prácticamente la energía necesaria para calentar y proporcionar agua caliente a casi toda la población española. Simplemente ecoinviable.

Por último, el reciclaje es uno de los mayores desafíos para los plásticos en el sector, aunque la industria automotriz tiene probablemente el mejor historial de todas las industrias en cuanto al reciclaje de sus materiales (con un promedio de alrededor del 75 %).

Afortunadamente, los fabricantes de automóviles continúan ideando nuevos usos para materiales reciclados. Aunque los neumáticos usados siguen siendo un grave problema de vertedero, son reciclables. Actualmente, se pueden construir neumáticos nuevos de manera segura utilizando un 10 % de material de caucho reciclado de neumáticos. Diseñar vehículos teniendo en cuenta el reciclaje también reduce aún más la cantidad de residuos. Además, facilita y abarata el desmontaje de los vehículos al final de su vida útil.

---

108. "Automotive. The world moves with plastics". Plastics Europe AISBL, 2013. En línea: <https://plasticseurope.org/wp-content/uploads/2021/10/20181019-Automotive-Booklet.pdf>.

En conclusión, los plásticos se han convertido en un elemento esencial en la industria de la automoción, contribuyendo significativamente a la seguridad, la eficiencia y la sostenibilidad de los vehículos modernos. En definitiva, los plásticos seguirán desempeñando un papel fundamental en el futuro de la automoción, asegurando vehículos más seguros, eficientes y sostenibles.

UN MUNDO DESCONOCIDO

Entré en casa y mi sorpresa fue mayúscula. Las paredes eran de cemento, como si acabaran de construirlas. La pintura había desaparecido. Los muebles del recibidor también se habían esfumado, junto con la mayoría de su contenido: las bolsas de supermercado, los cascos de moto y bici, y los zapatos. No podía encender la luz; solo había una serie de cables de cobre desordenados que temí tocar. Menos mal que era de día.

Continué mi periplo por el comedor y la visión fue dantesca. En la antigua posición del televisor, colgaba una pantalla de vidrio de una serie de cables metálicos. Se adivinaba parte de la circuitería electrónica, pero no había una placa sobre la que dependiera. La pantalla, cómo no, estaba en el suelo, ya que los muebles habían desaparecido. El contenido de los mismos también estaba esparcido por el suelo, aunque me sorprendió la poca cantidad de material que se veía. Las fotos, que antaño dominaban el comedor, también se encontraban esparcidas. Los jarrones y otros objetos decorativos se habían evaporado. Por cierto, el suelo era el original, de gres; del parqué no había ni rastro. Aquí también faltaban los enchufes, como en la entrada principal de la casa.

Me giré y me quedé atónito. Donde anteriormente disfrutaba del relax y el descanso, el sofá y la cheslón, solo quedaban unos trapos de algodón y unas maderas; el resto de la estructura no estaba. Eché de menos la mesa y maldije no haberla comprado de madera. Miré a las ventanas temiéndome lo peor, pero por suerte recordé que eran de aluminio y vidrio. Si hubieran sido de PVC no estarían. A estas alturas ya sabía la causa de la hecatombe en mi casa: todo lo que estaba hecho de plástico había desaparecido.

Como sabéis, los plásticos son parte integral de nuestra vida cotidiana. Desde las botellas de champú en el baño hasta los envases de alimentos en la cocina, estos materiales dominan todas las estancias de nuestra casa.

Si, por ejemplo, siguiéramos nuestro imaginario periplo e hiciéramos una parada en el baño, observaríamos como se habrían esfumado los botes de champú y acondicionador, así como los de gel de ducha. También todos los blísteres y recipientes de medicamentos, nuestro cepillo de dientes, los peines y cepillos para el cabello y la mayoría de recipientes, junto a la esponja, toallas, muebles y otras cosas que dominan el baño.

En la cocina, el impacto sería terrible. En primer lugar, quizás tendríamos problemas respiratorios causados por los vapores generados al mezclarse la lejía y el amoniaco, los cuales quedarían esparcidos por el suelo de la cocina al perder sus recipientes contenedores. También habría líquido de detergente y otros productos de limpieza. Todo ello junto a un gran charco de agua, al desaparecer las botellas de agua de plástico reutilizables. Y no solo eso, no encontraríamos las tablas de cortar que no fueran de madera, las espátulas de plástico, los cuencos para mezclar, las tazas medidoras o el cubo de la basura. La mantequilla estaría esparcida sin su contenedor, igual que las bolsas con los frutos secos, los botes de condimentos y especias. Y no solo eso, también habrían desaparecido los envoltorios de cajas de cereales, las bolsas de la compra, los cubiertos y la vajilla de plástico o las botellas de aceite, vinagre, etc. Las sartenes o las cazuelas no tendrían asas. El recubrimiento de teflón sería historia. La mayoría de los cuchillos no se librarían de la debacle. Las fiambreras habrían desaparecido inexorablemente.

La nevera estaría hecha un desastre. Todos los estantes no metálicos habrían desaparecido, al igual que la mayor parte de sus estructuras. En su interior conviviría una gran masa combinada de yogur (vasos), zumo, leche u otras bebidas como Aquarius o Fanta (cartones o botellas), queso en lonchas y otros embutidos, etc.

Otros electrodomésticos como la lavadora, el lavavajillas u otros electrodomésticos serían "picassianos" sin muchos de sus componentes plásticos como los botones, la carcasa o parte de su interior. Las perillas de la lavadora, que a menudo están hechas de plástico resistente al agua, tampoco estarían.

En la despensa encontraríamos derramado el arroz, la pasta, el azúcar, la sal o los envoltorios de *snacks*, chocolate, galletitas, etc. También todas las herramientas, al desaparecer las cajas contenedoras. Además, no existirían los mangos de destornilladores, de martillo, etc. Estas serían solo alguna de las consecuencias.

Siguiendo con nuestro espeluznante periplo, en la terraza extrañaríamos algunas macetas y jardineras, así como los muebles y estanterías que las acompañaban. Al volver al interior del hogar, si aún lo podemos llamar así, en la habitación de mis hijos la visión sería dantesca, sus juguetes preferidos no estarían junto a algunas estanterías. Mi hijo Rubén echaría mucho de menos sus construcciones de Lego. Por suerte, sus muebles son de madera. Quizás se alegrarían al comprobar que su cartera y estuche del colegio habrían desaparecido, pero su disgusto sería irreversible al ver que el 90 % de su ropa se habría esfumado, como las chaquetas impermeables, las camisetas deportivas y otros tipos de prendas elaboradas con fibras sintéticas de plástico.

Nuestra habitación tendría un resultado similar, sin sábanas, colchones, almohadas y la mayoría de nuestra ropa. De nuevo, la madera estaría intacta, pero sería una madera virgen, sin ninguna pintura y color que la decorara. Mi ordenador de mesa, nuestros portátiles, el ratón y el teclado serían una madeja de cables al haber desaparecido las partes plásticas como la carcasa, los botones y el exterior de los cables de cobre. Echaría de menos toda la música y películas almacenadas en CD y DVD. A todo esto, se sumaría la carencia de elementos comunes como sistemas de tuberías, bisagras de plástico, lámparas y sus pantallas, las cubiertas de luces, los enchufes y muchas otras cosas que nos acompañan en nuestro día a día.

A modo de curiosidad, en la tabla adjunta (tabla 1) os dejo el polímero principal que compone alguno de los plásticos que podemos encontrar en nuestro hogar y que hemos ido recorriendo en el presente capítulo:

Tabla 1. Principales polímeros y algunas aplicaciones. Elaboración propia.

Es innegable que los plásticos están y estarán omnipresentes en nuestras vidas, como así atestigua su presencia dominante en el interior de nuestras casas. En el futuro, las construcciones de casas serán mucho más eficientes, consumiendo muchísima menos energía. Ya nos llegan noticias de casas impresas en 3D, cómo no, de plástico. Actualmente, la mayoría de casas se construyen con pladur, compuesto de placas de yeso laminado embutido entre dos capas de cartón. Uno de sus componentes principales es la celulosa, un plástico natural. Por cierto, os dejo una curiosidad: su nombre proviene de la combinación de dos palabras, **pla**cas y **dur**aderas.

¿Y cómo alimentaremos a las casas en el futuro? La respuesta la tendrá la energía renovable, que solo será posible con componentes de plástico. Por ejemplo, los paneles solares, fabricados con materiales plásticos, se instalarán en las cubiertas de las viviendas para alimentarlas energéticamente.

En conclusión, de nuevo la visión negativa del plástico se debe equilibrar, porque es innegable que es un aliado indispensable en nuestros hogares. Sin él, nuestras casas no se podrían considerar nuestro hogar, y además serían menos seguras, menos eficientes y menos sostenibles. Por ejemplo, las tuberías de PVC han salvado muchas vidas y han evitado muchos problemas al sustituir a las perjudiciales y nocivas tuberías de amianto o plomo que instalaban nuestros abuelos. Con nuestro viaje imaginario a una casa sin plásticos, hemos demostrado como su carencia sería incompatible con nuestra forma de vida actual. Esto refuerza el mensaje de los capítulos previos, donde la no existencia del plástico nos retrotraería a tiempos pasados.

Sin plásticos no podríamos vivir, pero ¿qué pasa con todos los problemas derivados del consumo excesivo de plástico, de la falta de soluciones de reciclaje o del uso de los mismos? ¿Podemos vivir con la contaminación actual debida a los plásticos que afecta tanto a nuestra salud como al medio ambiente? ¿Cuáles son los problemas derivados? ¿Qué son los microplásticos y cuáles son sus problemas asociados? Después de haberlos puesto en un pedestal, toca demostrar que no es oro todo lo que reluce, y que la parte oscura de los plásticos existe y, por desgracia, está también muy presente en nuestras vidas.

Tercera parte

TENEMOS UN PROBLEMA

MILES DE MILLONES

Me fui con mi hija mayor, Berta, a una de las zonas menos iluminadas del pueblo, El Grado. Como era tradición por estas fechas, íbamos a admirar la lluvia de meteoros denominada lágrimas de San Lorenzo o Perseidas que nos acompañan de forma periódica cada agosto.[109] Siempre me han fascinado los números y siempre me han maravillado los asociados al Universo. Se especula que existen más de 100 000 millones de galaxias y cada una de ellas puede albergar unos 100 000 millones de estrellas.[110] Por ejemplo, en la Vía Láctea se estima que

---

109. "¿Qué son las Perseidas, o lágrimas de San Lorenzo?", *AstroCantabria*. Agrupación Astronómica Cántabra. En línea: <https://astrocantabria.org/?q=perseidas>.

110. "¿Qué sabes de las estrellas?", *National Geographic*, 9 de noviembre de 2017. En línea: <https://www.nationalgeographic.es/espacio/que-sabes-estrellas>.

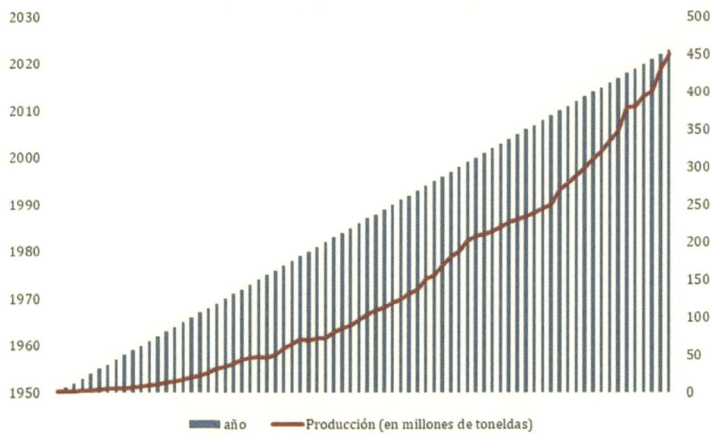

Figura 20. Consumo anual de plásticos a nivel mundial. Fuente: Varias (https://ourworldindata.org/plastic-pollution y https://www.statista.com/ statistics/282732/global-production-of-plastics-since-1950/)

hay entre 100 000 y 500 000 millones de estrellas. No sé a vosotros, pero a mi estas cifras me maravillan.

Siguiendo con los números y volviendo al tema central del libro, se estima que desde 1950 se han producido aproximadamente más de 9 000 millones de toneladas de plástico (o $9,0.10^{15}$ gramos).

Esto significa que se han producido más gramos de plástico que estrellas en la Vía Láctea. En apenas setenta años, hemos pasado de producir dos toneladas de plástico al año (en 1950) a más de cuatrocientas (en 2022). Además, estas cifras se han acelerado en el siglo XXI. Desde el año 2000 se ha fabricado más de la mitad de la cantidad total de plástico existente.[111] Si seguimos esta progresión, se espera que para el 2050 la producción se acerque a los 1 500 millones de toneladas. De esta enorme cantidad total de plásticos, se recicla menos de un 20 %. La mayor parte acaba en vertederos expuestos al descontrol y a la degradación, generando millones de microplásticos. Está claro que a los grandes beneficios del plástico los acompaña una terrible mochila: la contaminación ambiental asociada, y esta mochila cada día es más grande.

Las cifras hablan por sí solas. Algunos estudios[112] estiman que llegan al océano *todos los días* unos 8 millones de piezas de contaminación plástica de los cerca de 12 millones de toneladas de plástico que se vierten al mar cada año.[113] Es más, el 80 % de todos los residuos marinos estudiados son plásticos.[114] Miles de millones de macroplásticos, microplásticos y nanoplásticos con un peso aproximado que se acerca a las 300 000 toneladas. Esto es simplemente inasumible, tanto para nosotros como para los miles de mamíferos marinos, tortugas y aves marinas que lo padecen.

---

111. "We eat, drink and breathe plastic", Plastic Soup Foundation. En línea: <https://www.plasticsoupfoundation.org/en/plastic-facts-and-figures/#productie>.

112. Assessment document of land-based inputs of microplastics in the marine environment. Environmental Impact of Human Activities Series. Ospar Comission, 2017. En línea: <https://www.ospar.org/documents?v=38018>.

113. "Plastics in the Marine Environment". Eunomia. En línea: <https://eunomia.eco/reports/plastics-in-the-marine-environment/>.

114. "Plastic waste free islands". IUCN Plastic Waste National Level Quantification and Sectoral Material Flow Analysis. En línea: <https://iucn.org/sites/default/files/2023-12/iucn-pwfi-regional-report-pacific-final-for-web_compressed.pdf>.

¿Realmente son peligrosos los microplásticos y nanoplásticos?

Todavía no existen muchos estudios sobre el tema, pero cada vez hay más luz al respecto. Hay datos comprobados que demuestran que todos ingerimos microplásticos y nanoplásticos a través de la cadena alimentaria, el agua potable o a través de la piel y la nariz (inhalación). Por ejemplo, no hace mucho se hizo viral una noticia que decía que la cantidad de plástico en nuestro cuerpo equivale al peso de una tarjeta de crédito (unos 5 gramos).[115]

Como esta, hay muchas noticias publicadas sobre la ingestión de microplásticos. Algunas son exageradas o poco documentadas, tirando a sensacionalistas. A día de hoy, se necesitan más estudios para saber la magnitud real del problema. De todos modos, es indudable que la producción y el uso masivo de los plásticos, junto a su biodegradación y falta de reciclabilidad, ha generado una contaminación ambiental generalizada por nanoplásticos y microplásticos. Estas partículas se acumulan en los ecosistemas, incluso en los hábitats más remotos, como al hielo marino del Ártico.[116] Cada vez existen más evidencias de su transferencia a través de las cadenas alimentarias, lo que lleva a una ingestión humana inevitable, agravada por alimentos procesados y por los envases.

---

115. "Consumimos el equivalente a una tarjeta de crédito cada semana". World Wildflife Fund (WWF). En línea: <https://www.wwf.es/?50940/Consumimos-el-equivalente-a-una-tarjeta-de-credito-cada-semana>.

116. *National Geographic*. En línea: <https://www.nationalgeographic.es/>.

Las partículas plásticas se pueden dividir en dos categorías: las partículas primarias, contenidas en productos manufacturados (productos de cuidado personal, etc.), y las partículas secundarias, que provienen de la degradación de productos (envases, ropa, etc.). La degradación de los plásticos (fotodegradación, oxidación, degradación hidrolítica, biodegradación) produce diferentes formas y tamaños de desechos: nanoplásticos ($\leq 0.1\,\mu m$), microplásticos ($< 5\,mm$), mesoplásticos (0.5–$5\,cm$), macroplásticos (5–$50\,cm$) y megaplásticos ($> 50\,cm$).[117]

El término *microplástico* apenas tiene veinte años; se usó por primera vez en 2004.[118] Aunque se suelen definir como pequeñas partículas plásticas ubicuas menores a $5\,mm$ de diámetro, no existe un consenso internacional sobre su definición. Se suelen categorizar por su tamaño, forma o composición química, como, por ejemplo, la siguiente clasificación según la forma (figura 21).

El término *nanoplástico*, mucho más reciente, tampoco tiene una definición clara. La Autoridad Europea de Seguridad Alimentaria (EFSA)[119] ha definido los nanoplásticos como "un material natural, incidental o manufacturado

---

117. J. Gigault; A. Ter Halle; M. Baudrimont (*et al.*) (2018). "Current opinion: what is a nanoplastic?", *Environ Pollut*, 235, pp. 1030-1034.

118. R.C. Thompson; Y. Olsen; R.P. Mitchell (*et al.*) (2004). "Lost at sea: where is all the plastic?", *Science*, 304, p. 838.

119. "Risk assessment and toxicological research on micro- and nanoplastics after oral exposure via food products", *EFASA Journal*, 6 de noviembre de 2020. En línea: <https://www.efsa.europa.eu/en/efsajournal/pub/e181102>.

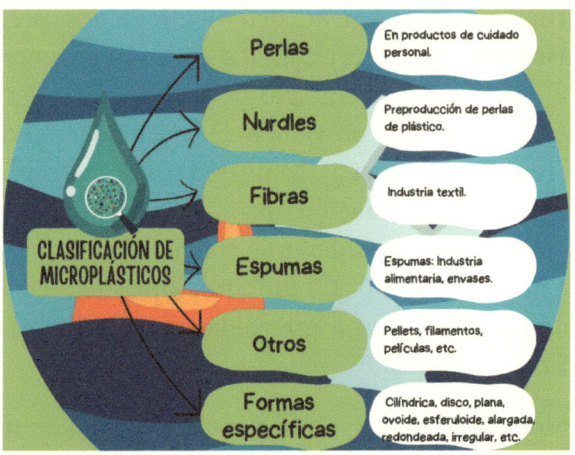

Figura 21. Clasificación de los microplásticos según su forma. Elaboración propia.

que contiene partículas en estado no ligado o como un agregado o aglomerado y donde, para el 50% o más de las partículas en la distribución del tamaño numérico, una o más dimensiones externas están en el rango de tamaño de 1 a 100 nanómetros[120] (nm)". Sin embargo, el límite superior de tamaño para los nanoplásticos es de 100 nm en algunas definiciones y de 1 000 nm en otras.

Al igual que con los microplásticos, los nanoplásticos pueden originarse a partir de material original o pueden producirse por la fragmentación de partículas plásticas más grandes, por ejemplo, de los mismos microplásticos. Los nanoplásticos son difíciles de definir, pero son incluso más difíciles de caracterizar.

---

120. La millonésima parte de un milímetro.

Microplásticos: No en mi mesa

La contaminación por microplásticos es un problema creciente debido al aumento de los desechos plásticos. De los casi 9 000 millones de toneladas de plástico producidas, más del 75 % se han convertido en desecho, afectando a animales y al agua potable de todo el mundo. Es tal la magnitud del problema, que incluso estos residuos plásticos podrían utilizarse como un indicador geológico del Antropoceno.

Los microplásticos provienen del uso insostenible y la mala gestión de los desechos plásticos. Además, los procesos agrícolas, como el uso de mantillos plásticos y la aplicación de lodos de depuradora, son fuentes importantes de microplásticos en el suelo. Aunque las plantas de tratamiento de aguas residuales eliminan los microplásticos del agua, estos se concentran en los lodos utilizados como fertilizante en suelos agrícolas.

En el ambiente marino los desechos plásticos se encuentran en el fondo del mar, la superficie y la costa. En 2014 se estimó que al menos 5,25 billones de partículas plásticas, incluidas 35 500 toneladas métricas de microplásticos, flotaban en el mar.[121] Se calcula que el 80 % de la contaminación plástica en los océanos proviene de fuentes terrestres, con entre 4,8 y 12,7 millones de toneladas métricas de de-

---

121. Marcus Eriksen; Laurent C. M. Lebreton; Henry S. Carson (*et al.*) (2014). "Plastic Pollution in the World's Oceans: More than 5 Trillion Plastic Pieces Weighing over 250,000 Tons Afloat at Sea", *PLOS One*, 10 de diciembre En línea: <https://journals.plos.org/plosone/article?id=10.1371/journal.pone.0111913>.

sechos plásticos terrestres ingresando al océano cada año.[122]
Para ilustrar la magnitud del problema, los autores del estudio hicieron una comparación impactante: "8 millones de toneladas métricas de plástico equivalen a 5 bolsas (de la compra) llenas de plástico a lo largo de cada pie (30 cm) de costa de todos los países del mundo. Eso... es enorme".

Los microplásticos también se detectan en agua dulce, incluidos lagos, ríos y aguas subterráneas, provenientes principalmente de la contaminación urbana, el transporte marítimo, la pesca, el turismo, las plataformas de petróleo y gas, las plantas de tratamiento de aguas residuales, los productos de cuidado personal desechados, los textiles y el embalaje. En 2015 se estimó que se emitían 8 billones de microesferas plásticas por día en hábitats acuáticos en los Estados Unidos.[123] La atmósfera es otro vehículo a través del cual los microplásticos ingresan al medio ambiente. Se han medido microplásticos en la precipitación atmosférica tanto en megaciudades como en áreas escasamente habitadas. Existen evidencias científicas sobre su acumulación en playas, océanos, suelos, incluidos los agrícolas, invernaderos, jardines domésticos, costeros, industriales y de llanuras aluviales.

En general, los polímeros más frecuentemente detectados en las publicaciones al respecto son PE ≈ PP > PS > PVC

---

122. J. Jambeck; A. Andrady; R. Geyer (*et al.*) (2015). "Plastic waste inputs from land into the ocean", *Science*, n.º 347, pp. 768-771. En línea: <https://jambeck.engr.uga.edu/landplasticinput>.

123. Nick Houtman (2016). "Microbeads Pose Pollution Threat", *Terra Magazine*, 19 de mayo. En línea: <https://terra.oregonstate.edu/2016/05/microbeads-pose-pollution-threat/>.

> PET, seguidos de poliamida (PA), compuestos acrílicos o relacionados con el acrílico, poliésteres y PMMA.[124]

Podemos afirmar, sin miedo a equivocarnos, que todos estamos expuestos a la ingestión de microplásticos. La primera fuente de entrada de microplásticos es el agua que consumimos. A pesar de la eliminación de microplásticos por varios procesos de tratamiento de agua, también se detectan microplásticos en el agua del grifo de todo el mundo, con una concentración media de 5,45 partículas/L, llegando en algunos países, como China, a multiplicar esta cifra casi por 100 (440/L). Si decidimos no beber agua del grifo y optamos por el agua mineral, aparte de contaminar más con envases de plástico, también encontraremos microplásticos, con concentraciones que varían en distintos estudios entre 0,6 µg/L y 7,3150 µg/L[125] en botellas de PET de uso múltiple, y de entre 0,1 µg/L y 1,8 µg/L en botellas de PET de un solo uso. Esto da como resultado que la ingesta anual máxima estimada para adultos humanos es de 458 000 partículas de microplásticos para el agua del grifo y 3 569 000 partículas de microplásticos para el agua embotellada.[126]

---

124. V. Fernández-González; J. M. Andrade-Garda; P. López-Mahía (*et al.*) (2022). "Misidentification of PVC microplastics in marine environmental samples", *Science Direct*, vol. 153, agosto. En línea: <https://www.sciencedirect.com/science/article/pii/S0165993622001327>.

125. Elvis D. Okoffo; Kevin V. Thomas (2024). "Mass quantification of nanoplastics at wastewater treatment plants by pyrolysis–gas chromatography–mass spectrometry", *Science Direct*, vol. 254, 1 de mayo. En línea: <https://www.sciencedirect.com/science/article/pii/S0043135424002999>.

126. Noor Haleem; Pradeep Kumar; Cheng Zhang (*et al.*) (2024). "Microplastics and associated chemicals in drinking water: A review of their occurrence and

A su vez, no es descabellado especular con que los microplásticos están en nuestro menú. Por ejemplo, a través de los mariscos o alimentos procesados como la cerveza, la miel, el azúcar o la leche, debido al procesamiento previo. También se ha demostrado su entrada a través de la lixiviación en bolsas de té. Además, los microplásticos pueden añadirse o eliminarse durante el procesamiento y la cocción de alimentos crudos para el consumo.[127] Uno de los alimentos más susceptibles de tener presencia de microplásticos es la sal marina, al ser producida por la destilación de agua de mar. También se han identificado en peces y productos procesados como sardinas, algas marinas o pescado seco. En los mariscos, como los mejillones azules, camarones y almejas, se han encontrado hasta un elemento por gramo. Para eliminarlos, se recomienda depurar el contenido de sus sistemas digestivos antes de cocinarlos. Por cierto, los mariscos son excelentes indicadores para monitorear contaminantes ambientales en áreas costeras.

De todos modos, establecer la cifra exacta o incluso aproximada de la exposición humana anual a microplásticos es muy complicado. Una posibilidad más viable y exacta es medir la cantidad de plástico en las heces humanas. Solo hay un estudio realizado al respecto, donde únicamente

human health implications", *Science Direct*, vol. 912, 20 de febrero. En línea: <https://www.sciencedirect.com/science/article/abs/pii/S0048969723082244>.

127. Kurunthachalam Kannan; Krishnamoorthi Vimalkumar (2021). "A Review of Human Exposure to Microplastics and Insights Into Microplastics as Obesogens", *PubMed*, 18 de agosto. En línea: <https://pubmed.ncbi.nlm.nih.gov/34484127/>.

se analizaron las muestras de heces de ocho voluntarios sanos, encontrando que el número medio de partículas de microplásticos (de 50 a 500 µm de tamaño) fue de 20 por cada 10 gramos de heces.[128] Se detectaron nueve tipos de plásticos, siendo el PP y el PET los más abundantes. Basándonos en estos resultados y en una producción media de 128 gramos de heces por día y por persona, tendríamos que la descarga anual de partículas de microplásticos en las heces (reflejando al menos en parte la exposición equivalente en el cuerpo humano) es de más de 90 000.[125]

Aunque nos solemos centrar en la exposición humana a microplásticos por ingestión, también existe la exposición por inhalación, ya que los microplásticos están presentes en el aire interior y exterior. Las tres fuentes principales de inhalación de microplásticos son los textiles sintéticos, la erosión de neumáticos de caucho sintético y el polvo de la ciudad. Estamos hablando de una estimación aproximada de entre 26 a 130 partículas inhaladas de microplásticos en el aire por día.[129]

La última fuente de entrada de microplásticos es por contacto dérmico. Por ejemplo, a través de las perlas de microplás-

---

128. Philipp Schwabl; Sebastian Köppel; Philipp Königshofer (*et al.*) (2019). "Detection of Various Microplastics in Human Stool: A Prospective Case Series", *PubMed*, 1 de octubre. En línea: <https://pubmed.ncbi.nlm.nih.gov/31476765/>.

129. Joana Correia Prata (2018). "Airborne microplastics: Consequences to human health?", *PubMed*, marzo. En línea: <https://pubmed.ncbi.nlm.nih.gov/29172041/>.

ticos usadas como exfoliantes para la piel y los dientes que se pueden encontrar en la composición de limpiadores y exfoliantes faciales y en pasta de dientes. También se utilizan para regular la viscosidad de películas, acondicionar la piel y estabilizar emulsiones. Se incluyen en una amplia gama de productos, como jabones, champús, desodorantes, cremas antiarrugas, humectantes, cremas de afeitar, lociones de protección solar, mascarillas faciales, lápices labiales o sombras de ojos. La mayoría de estas microperlas son de polietileno.

Los microplásticos pueden tener distintas formas y tamaños. Sin duda alguna, las fibras son las más críticas porque pueden causar efectos tóxicos a dosis más bajas que las partículas esféricas. Esto se debe a que, por su forma, es mucho más fácil que se anclen en el huésped. Además, las fibras suelen ser las formas más habituales de presencia de microplásticos en alimentos. De todos modos, todavía hay muy pocos estudios de la presencia de microplásticos en alimentos, siendo la sal, el pescado y los mariscos los más analizados. Además, la contaminación y descontaminación de microplásticos durante el procesamiento y la cocción de alimentos es otro factor crucial, ya que la exposición a microplásticos de las personas proviene principalmente de los productos finales consumidos, no de sus ingredientes. Por ejemplo, se analizó el contenido de microplásticos en cervezas alemanas, encontrándose contaminación por microplásticos en todos los casos.[130] También se han de-

---

130. Gerd Liebezeit; Elisabeth Liebezeit (2014). "Synthetic particles as contaminants in German beers", *PubMed*, 11 de agosto. En línea: <https://pubmed.ncbi.nlm.nih.gov/25056358/>.

tectado microplásticos en muestras de leche de vaca para adultos y niños.[131] Del total de microplásticos detectados, el 97,5 % eran fibras y el 2,5 % eran fragmentos: los microplásticos < 0,5 mm fueron dominantes (40 %), seguidos por los tamaños de 0,5–1 mm (28 %) y 1–2 mm (25 %).

Aunque no se sabe mucho sobre la distribución de nanoplásticos y microplásticos después de la ingestión, cada vez hay más evidencias de que se suelen acumular en el intestino. Numerosos estudios en animales han demostrado que su exposición conduce a alteraciones en el equilibrio oxidativo e inflamatorio intestinal, y a la disrupción de la permeabilidad epitelial del intestino. Otros efectos notables incluyen disbiosis (cambios en el microbiota intestinal) y toxicidad en las células inmunitarias.

El sistema inmunológico intestinal interactúa constantemente con organismos no patógenos y antígenos alimentarios inocuos que deben ser tolerados inmunológicamente. Al mismo tiempo, debe mantener la capacidad de responder rápidamente a amenazas infecciosas y toxinas. Esta delicada tarea depende de varios mecanismos que involucran células mieloides, células linfoides innatas y células T que residen en la lámina propia intestinal y el ganglio linfático mesentérico de drenaje. Estos circuitos de células inmunitarias son componentes críticos del sistema inmunológico. Aunque la inmunotoxicidad de los plásticos no se ha estu-

131. E. Visentin; C. L. Manuelian; G. Niero (2024). "Characterization of microplastics in skim-milk powders", *Journal of Dairy Science*, agosto. En línea: <https://www.journalofdairyscience.org/article/S0022-0302(24)00731-8/fulltext>.

diado directamente en el sistema inmunológico intestinal, la evidencia in vivo de la inmunotoxicidad de los nanoplásticos y microplásticos sugiere que las células inmunitarias, incluidas las del sistema inmunológico intestinal, podrían ser un objetivo para el daño inducido por plásticos.[132]

Además, los microplásticos contienen aditivos (4 % p/p, en promedio), adsorben contaminantes y pueden promover el crecimiento de patógenos bacterianos en sus superficies. Los principales aditivos plásticos y contaminantes adsorbidos son los ftalatos, el bisfenol A, los éteres difenílicos polibromados, los hidrocarburos aromáticos policíclicos (PAHs) y los bifenilos policlorados (PCBs). Su presencia plantea serias preocupaciones, ya que pueden acentuar la bioacumulación de algunos de ellos, que podrían ser tóxicos intestinales. Por ejemplo, un estudio encontró que la bioacumulación de oxitetraciclina y florfenicol, dos antibióticos veterinarios detectados con frecuencia en almejas, se agravaba por la coexposición a microplásticos.[133]

La presencia de aditivos y contaminantes en o sobre los microplásticos plantea preocupaciones sobre la posible acentuación de la toxicidad de los contaminantes. De hecho, los microplásticos agravaron la inmunotoxicidad del

---

132. Kirsty Blackburn; Dannielle Green (2022). "The potential effects of microplastics on human health: What is known and what is unknown", *PubMed*, marzo. En línea: <https://pubmed.ncbi.nlm.nih.gov/34185251/>.

133. "Micro y Nanoplásticos". Elika. Fundación Vasca para la Seguridad Agroalimentaria. En línea: <https://seguridadalimentaria.elika.eus/fichas-de-peligros/micro-y-nanoplasticos/>.

bisfenol A y los hidrocarburos del petróleo en almejas, y la inmunotoxicidad del cadmio en peces.[134] Los microplásticos de polietileno aumentaron la toxicidad del pesticida clorpirifos en el copépodo marino *Acartia tonsa*.[135] En ratones, la inflamación intestinal inducida por la exposición a retardantes de llama organofosforados se agravó por la coexposición a PE o PS. La exposición de ratones a microplásticos contaminados con di (2-etilhexil) ftalato (DEHP) durante treinta días empeoró los signos histológicos de inflamación intestinal y los deterioros en la permeabilidad intestinal.[136] Estos ejemplos preocupantes demuestran que los microplásticos pueden sumar o sinergizar los efectos adversos de los tóxicos que contienen o han adsorbido.

Por último, los microplásticos albergan comunidades distintas de microbios, que pueden formar biopelículas superficiales completamente desarrolladas. Esto se acentúa en los desechos plásticos que facilitan el crecimiento de patógenos bacterianos. Estas biopelículas difieren en su composición

---

134. Richard E Engler (2012). "The complex interaction between marine debris and toxic chemicals in the ocean", *PubMed*, 20 de noviembre. En línea: <https://pubmed.ncbi.nlm.nih.gov/23088563/>.

135. Juan Bellas; Irene Gil (2020). "Polyethylene microplastics increase the toxicity of chlorpyrifos to the marine copepod Acartia tonsa", *Science Direct*, mayo. En línea: <https://www.sciencedirect.com/science/article/abs/pii/S0269749119343295>.

136. Mohan Manikkam; Rebecca Tracey; Carlos Guerrero-Bosagna (2013). "Plastics derived endocrine disruptors (BPA, DEHP and DBP) induce epigenetic transgenerational inheritance of obesity, reproductive disease and sperm epimutations", *PubMed*. En línea: <https://pubmed.ncbi.nlm.nih.gov/23359474/>.

microbiana en comparación con las biopelículas formadas en sustratos naturales. Por ejemplo, análisis recientes de biopelículas en microplásticos y en sustratos naturales (roca y hoja) dieron como resultado la detección de patógenos humanos oportunistas (*Pseudomonas monteilii* y *Pseudomonas mendocina*) solo en la biopelícula de microplásticos.[137] Así que tenemos una nueva fuente de preocupación, ya que los microplásticos pueden servir como vectores para patógenos y también podrían servir como "puntos calientes" para el desarrollo y la diseminación de varios patógenos humanos resistentes a los medicamentos a través de mecanismos de coselección. La exposición a biopelículas de microplásticos probablemente desencadene cambios en la microbiota intestinal y la activación del sistema inmunológico, aunque este campo todavía no ha sido explorado.

Existen muy pocos estudios sobre el efecto de los nanoplásticos, pero los primeros indicios muestran que su pequeño tamaño facilita que penetren profundamente en los órganos, dirigiéndose al hígado, bazo, corazón, pulmones, timo, órganos reproductores, riñones e incluso al cerebro (es decir, atraviesan la barrera hematoencefálica).[138]

---

137. Xiaojian Wu; Jie Pan; Meng Li (*et al.*) (2019). "Selective enrichment of bacterial pathogens by microplastic biofilm", *Science Direct*, 15 de noviembre. En línea: <https://linkinghub.elsevier.com/retrieve/pii/S0043135419307535>.

138. Amrita Banerjee; Weilin L. Shelver (2021). "Micro- and Nanoplastic-Mediated Pathophysiological Changes in Rodents, Rabbits, and Chickens: A Review", *Science Direct*, septiembre. En línea: <https://www.sciencedirect.com/science/article/pii/S0362028X22054461>. Y B. Prietl; C. Meindl; E. Roblegg (*et al.*) (2014). "Nano-sized and micro-sized polystyrene particles

Si en vez de ingerir los nanoplásticos, los inhalamos, el efecto más notable es en el tracto digestivo y en el sistema inmunológico. Se sabe que, entre las partículas en el aire, las más pequeñas (es decir, la fracción inhalable) se absorben a través del epitelio pulmonar. Llegan a la circulación sistémica y ejercen un efecto inmunológico en el llamado eje intestino-pulmón. Una proporción de las partículas más grandes (la fracción extratorácica) se transporta al tracto gastrointestinal por la depuración mucociliar, donde sufre el destino de las partículas ingeridas. Por lo tanto, dependiendo del tamaño de la partícula, tanto los plásticos ingeridos como los inhalados pueden interactuar con los tejidos intestinales, llegar al torrente sanguíneo y (potencialmente) desregular la respuesta inmunológica.[139]

En un mundo donde los plásticos están omnipresentes, la comunidad científica está trabajando arduamente para desentrañar los misterios de los plásticos a los que estamos expuestos y sus efectos en la salud humana. A pesar de los datos que hemos mostrado, todavía es pronto para sacar conclusiones claras. Actualmente, las limitaciones analíticas dificultan la detección de partículas plásticas muy pequeñas. Sin embargo, los estudios existentes, aunque limitados, nos proporcionan pistas valiosas sobre la presencia

---

affect phagocyte function", *PubMed*, febrero. En línea: <https://pubmed.ncbi.nlm.nih.gov/24292270/>.

139. Suvash C. Saha; Gooutam Saha (2024). "Effect of microplastics deposition on human lung airways: A review with computational benefits and challenges", *PubMed*, 11 de enero. En línea: <https://www.ncbi.nlm.nih.gov/pmc/articles/PMC10826726/>.

de contaminantes plásticos en el agua potable y algunos productos alimenticios. Quizás, la fuente más prometedora para arrojar luz sobre el tema sean los microplásticos presentes en las heces humanas. Como hemos comentado, esta metodología no solo ayuda a identificar los plásticos que afectan directamente a la mucosa intestinal, sino que también permite estudiar los nanoplásticos y microplásticos que cruzan la barrera intestinal. Incluso pequeñas cantidades de estos plásticos pueden tener efectos significativos, lo que subraya la importancia de esta línea de investigación.

Además, la literatura reciente[140] [141] [142] [143] destaca la necesidad de evaluar el impacto de los microplásticos en el aire sobre el intestino o profundizar en la contaminación de la dieta por nanoplásticos por sus potenciales efectos dañinos en los sistemas intestinal e inmunológico. Aunque los datos actuales sobre los niveles de plástico en la dieta humana son insuficientes, está claro que los plásticos con-

140. Kirsty Blackburn; Dannielle Green (2022). "The potential effects of microplastics on human health: What is known and what is unknown", *PubMed*, 29 de junio. En línea: <https://pubmed.ncbi.nlm.nih.gov/34185251/>.

141. Claudia Campanale; Carmine Massarelli; Ilaria Savino (*et al.*) (2020). "A Detailed Review Study on Potential Effects of Microplastics and Additives of Concern on Human Health", *PubMed*, 13 de febrero. En línea: <https://www.ncbi.nlm.nih.gov/pmc/articles/PMC7068600/>.

142. Nell Hirt; Mathilde Body-Malapel (2020). "Immunotoxicity and intestinal effects of nano- and microplastics: a review of the literature", *PubMed*, 12 de noviembre. En línea: <https://pubmed.ncbi.nlm.nih.gov/33183327/>.

143. Jung-Hwan Kwon; Jin-Woo Kim; Thanh Dat Pham (*et al.*) (2020). "Microplastics in Food: A Review on Analytical Methods and Challenges", *PubMed*, 15 de septiembre. En línea: <https://pubmed.ncbi.nlm.nih.gov/32942613/>.

taminan el agua y la cadena alimentaria. Confiemos en el futuro desarrollo de métodos técnicos estandarizados para la recolección y análisis de plásticos, lo que permitirá comparaciones válidas entre estudios y una mejor comprensión de la exposición dietética humana.

En conclusión, aunque la presencia de microplásticos y nanoplásticos en nuestra vida diaria representa un desafío significativo, la ciencia está avanzando rápidamente para comprender y mitigar sus efectos.

¿UN MUNDO CON O SIN PLÁSTICOS?

Querido lector, querida lectora:

Más de 150 000 caracteres después, creo que puedes contestar esta pregunta con una respuesta fundamentada. A través de un amplio recorrido histórico de más de un siglo, hemos visto cómo los plásticos se han convertido en el material que más rápidamente ha conquistado nuestras vidas en la historia de la humanidad. Si analizamos la duración de las edades del hombre ligadas al descubrimiento de los materiales, vemos como el Plasticeno, la edad de los plásticos, en poco tiempo, se ha convertido en una gigantesca sombra que cubre el planeta. Lo mejor (o peor) es que la sociedad actual, tal y como la entendemos y concebimos, ha de convivir, sí o sí, con esta sombra. Sin ella, nos quemaríamos irremediablemente.

Os planteo una segunda pregunta, muy sugerente, sobre todo para muchas organizaciones medioambientales: ¿qué pasaría si tuviéramos una varita mágica que nos permitiera eliminar todo el plástico del planeta? Es una perspectiva tentadora, pero poco realista viendo como el plástico se ha infiltrado irreversiblemente en todos los aspectos de nuestra vida. A pesar de que existe un amplio debate crítico sobre los plásticos, si nos queremos plantear de forma seria, sin demagogia, su sustitución, hemos de implicar a otros materiales como el vidrio, el metal, la madera o la cerámica. Estos materiales, aunque útiles, presentan desafíos significativos. En primer lugar, son materiales más pesados, lo que implica costes energéticos más altos. Por ejemplo, una botella de vidrio de un litro puede pesar hasta veinte veces más que una de igual capacidad de plástico. Por otra parte, ¿qué sería de la deforestación de los bosques si la madera sustituyera a los plásticos y se utilizara de forma masiva? ¿Qué residuos se generarían por la producción masiva de vidrios y metales? Además, producirían residuos de difícil postprocesado y reciclado. La suma de todos estos factores implicaría un impacto muy pernicioso para nuestro planeta.

Los plásticos han transformado de forma irreversible nuestras vidas, pero su ausencia cambiaría radicalmente nuestra sociedad. Es, por lo tanto, crucial el uso responsable de los plásticos y el desarrollo de alternativas sostenibles para asegurar un futuro más limpio y saludable.

Como hemos demostrado detalladamente, sectores como la medicina o la automoción han evolucionado de una manera exponencial gracias al desarrollo de los plásticos. A todos los críticos del plástico, que ven viable su sustitución, les preguntaría: ¿cómo gestionarían un hospital sin plástico? ¿De qué material fabricarían los guantes, tubos, jeringas o las bolsas de sangre y suero? ¿Qué implicaciones tendría la ausencia de plásticos en la seguridad y la higiene en los hospitales? Es lícito y realista plantear que el plástico de un solo uso se utiliza en exceso en los hospitales. Por ejemplo, un estudio en un hospital del Reino Unido demostró que una simple operación de amigdalitis generaba más de un centenar de piezas separadas de residuos de plástico.[144] De todos modos, como dice el refrán: Es mejor caer en la realidad que volar en una mentira. En este momento el plástico es esencial e insustituible en medicina, sin él se perderían muchas vidas.

Y no solo el sector médico depende del plástico, otros sectores también demandarían respuestas a la eliminación del plástico. Desde el sector alimentario hasta el sector servicios o el tecnológico plantearían preguntas tan básicas como: ¿Podríamos mantener el ritmo frenético de crecimiento de dispositivos electrónicos en la sociedad actual? ¿Qué sería de las nuevas tecnologías? La afirmación de que sin plásticos nuestro sistema alimentario se desmoronaría, es arriesgada pero bastante realista. Por ejemplo, ¿Qué tipo de envases tendríamos sin plásticos? ¿Podríamos mantener igual de frescos y seguros los alimentos? ¿Cómo mantendríamos los productos altamente perecederos que viajan largas distancias desde la granja a nuestra mesa? ¿Podría-

---

144. Chantelle Rizan; Frances Mortimer; Mahmood F. Bhutta (2020). "Plastics in healthcare: time for a re-evaluation", *Sage Journals*, 7 de febrero. En línea: <https://journals.sagepub.com/doi/10.1177/0141076819890554>.

mos garantizar el abastecimiento de alimentos a todos los confines del planeta?

Por cierto, en el libro hemos entrado poco en el dominio del plástico en la industria textil. Las cifras son escandalosas: casi dos tercios de las fibras textiles producidas en todo el mundo son sintéticas. Quizás los críticos podrían afirmar que el algodón, por ejemplo, podría cubrir parte de esta demanda, pero esto no es tan simple. Se estima que el algodón crece en el 2,5 % de las tierras cultivables en todo el mundo, pero su cultivo representa el 20 % aproximado del uso de pesticidas.[145] A más algodón producido, más riesgo para nuestra salud y nuestros suministros de agua. Muchos buscan la *horma en el zapato* de los plásticos. Hablando de zapatos, solo en el 2020 se fabricaron 20 500 millones de pares de calzado.[146] Antes estaban hechos de cuero, ahora mayoritariamente de plásticos sintéticos.

¿Hay vuelta atrás? La respuesta es *no*. Los plásticos han salvado miles de vidas, tanto en su etapa inicial (guerras mundiales) como en la época actual (medicina), pero esto no es óbice para observar cómo el crecimiento desmesurado e insostenible del uso de los plásticos plantea un problema de difícil solución: la contaminación plástica. Las numero-

---

145. "Tóxicos en la ropa: ¿cuál es su impacto?". OCU, 16 de enero de 2019. En línea: <https://www.ocu.org/salud/bienestar-prevencion/informe/toxicos-ropa>.

146. Jens Jakob Andersen (2023). "Estadísticas sobre producción de calzado", *Run Repeat*, 2 de octubre. En línea: <https://runrepeat.com/es/estadisticas-sobre-produccion-de-calzado>.

sas evidencias que nos comparten los incipientes estudios científicos nos alertan sobre los peligros que nos acechan debido a los microplásticos y nanoplásticos. Nuestra salud, protegida por el uso de determinados plásticos, comienza a estar en peligro de una forma irreversible si no ponemos remedio.

Además, los productos químicos añadidos, como los aditivos, durante la producción de plásticos, también pueden afectar a nuestra salud. Según la bióloga Rosa García, directora de Rezero, Fundación para la Prevención de Residuos y el Consumo Responsable,[147] "estos aditivos pueden constituir hasta el 80% del producto final para algunos productos plásticos. Se trata, en su mayoría, de artículos de uso cotidiano y de una toxicidad lenta, pero persistente. Los aditivos no se adhieren al plástico y se filtran fácilmente en el entorno, también en los alimentos dentro del envase. Además, a medida que las partículas de plástico se degradan se exponen nuevas capas y es probable que se filtren más aditivos desde el núcleo del envase a la superficie, y luego, a los alimentos".

Dos de los aditivos más estudiados son los ftalatos, utilizados para ablandar el plástico, pero también presentes en muchos cosméticos, y el bisfenol A (BPA), utilizado para endurecer el plástico y habitualmente presente en el revestimiento de

---

147. Andrés Actis (2024). "Las empresas que con una mano recogen plásticos y con la otra producen mil veces más", *elDiario.es*, 11 de diciembre. En línea: <https://www.eldiario.es/ballenablanca/economia/empresas-mano-recogen-plasticos-producen-mil-veces_1_11878292.html>.

las latas. Se han relacionado con numerosos efectos adversos para la salud en casi todos los sistemas biológicos, no solo el sistema reproductivo, sino también los sistemas inmunológico, neurológico, metabólico y cardiovascular.

BIOPLÁSTICOS: ¿EL FUTURO DE LOS PLÁSTICOS?

El mayor porcentaje de plásticos comerciales provienen de combustibles fósiles, pero ¿pueden ser una alternativa sostenible los bioplásticos? Cada vez son más los estudios que plantean los plásticos de base biológica como alternativa a los plásticos petroquímicos. Desde los albores de la humanidad, los biopolímeros han sido nuestros silenciosos compañeros de viaje. Estos componentes esenciales, presentes en ácidos nucleicos, proteínas, carbohidratos, lípidos y macrociclos, han jugado un papel crucial en la evolución humana. Hoy en día, en nuestra búsqueda de soluciones a la demanda excesiva de polímeros sintéticos, los biopolímeros resurgen como una alternativa atractiva, viable y prometedora.

Derivados de materias primas renovables, los biopolímeros han experimentado un notable desarrollo en las últimas dos décadas, impulsados por la creciente demanda de productos respetuosos con el medio ambiente. Su competitividad se ve favorecida cuando los precios del petróleo son altos y los precios de materias primas como el maíz y el almidón son bajos. Este origen natural no solo los hace atractivos para reducir el impacto ambiental, sino también para disminuir la dependencia de los combustibles fósiles.

Actualmente, se producen cerca de 2,5 millones de toneladas anuales de bioplásticos con un crecimiento anual sostenido.[148] El origen más común de los plásticos de base biológica son las plantas ricas en carbohidratos, como el maíz o la caña de azúcar, y las plantas oleaginosas. Estos cultivos agrícolas tradicionales, también conocidos como materias primas de primera generación, ofrecen la forma más eficiente de producir plásticos de base biológica. Mientras tanto, las materias primas de segunda generación, como los productos alimenticios residuales y los residuos de lignocelulosa, están emergiendo como alternativas viables.[149]

Existen diferentes tipos de biopolímeros que se pueden clasificar de distintas formas. En la figura adjunta, os compartimos una clasificación según el origen del biopolímero (figura 22).

Los biopolímeros son sustancias orgánicas presentes en fuentes naturales. Son biocompatibles y biodegradables, lo que los hace útiles en diversas aplicaciones.[150] Por ejemplo,

---

148. "Bioplastics Market Development Update 2023. Report Projects Large Increases of Global Bioplastics Production by 2028". The Earth&I. Loving Nature, Healing the Earth. En línea: <https://www.theearthandi.org/post/bioplastics-market-development-update-2023>.

149. Pieter Samyn (2024). "The future of biopolymers and bioplastics". Innovation Forward, 19 de marzo. En línea: <https://www.sirris.be/en/inspiration/future-biopolymers-and-bioplastics>.

150. Mohini Chandrashekhar Upadhye; Mohini Chetan Kuchekar (*et al.*) (2021). "Biopolymers: A comprehensive review", *OARJ. Open Access Research Journals*, 31 de diciembre. En línea: <https://oarjst.com/sites/default/files/OARJST-2021-0070.pdf>.

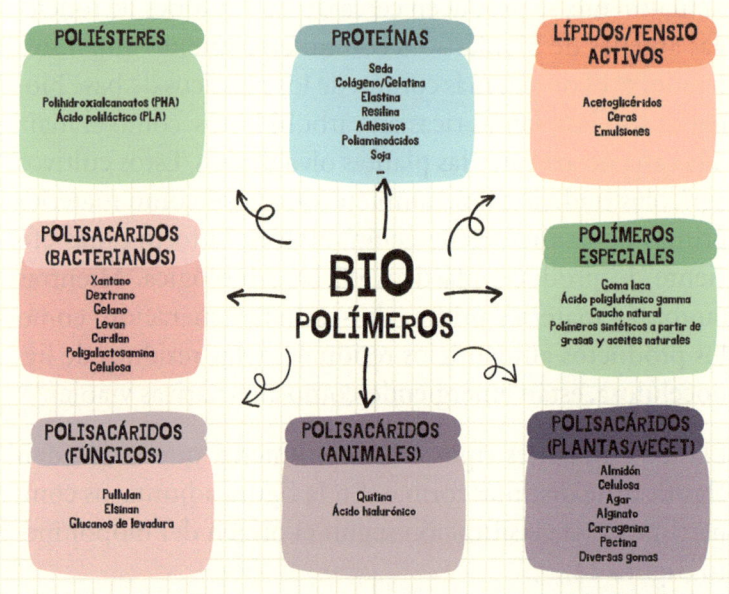

Figura 22. Clasificación de los biopolímeros por su fuente de origen. Elaboración propia. Fuente (https://www.ncbi.nlm.nih.gov/pmc/articles/PMC4606363/)

los almidones se utilizan principalmente en las industrias alimentaria, farmacéutica, medicinal, papelera y textil. Los carragenanos se usan como agentes gelificantes y espesantes, y también en tabletas de liberación controlada. Las gomas se utilizan en diversas formas como excipientes de liberación sostenida, aglutinantes y desintegrantes. En formulaciones de champú o gel de baño, estos polímeros pueden flocular al diluirse, entregando activos al cabello y la piel, además de proporcionar una combinación única de beneficios sensoriales y de acondicionamiento y protección de la piel.

También se utilizan en productos de oficina como calendarios, gráficos murales, bolígrafos, resaltadores y papelería. Se emplean en guantes, delantales, baberos, pajitas, cubiertos, vasos y platos. Otros usos se orientan a embalajes, incluyendo bolsas, bandejas, envoltorios para confitería/pan, aperitivos salados, galletas y dulces, botellas para bebidas frescas, cajas, etc. En horticultura y agricultura, se utilizan en películas de mantillo, soportes para plantas, redes, macetas y bandejas. Por último, una aplicación interesante es en la nanotecnología verde: se pueden sintetizar derivados de polisacáridos como el almidón y la celulosa en tamaño nanométrico y utilizarlos para el desarrollo de bionanocompuestos.

La adopción de plásticos de base biológica y biodegradables encuentra actualmente una de sus principales barreras en su alto costo en comparación con los materiales derivados de combustibles fósiles. Sin embargo, al avanzar hacia una economía más sostenible y circular, estos materiales pueden contribuir significativamente a la reducción de los gases de efecto invernadero. La aceptación generalizada de los biopolímeros tiene el potencial de reciclar eficientemente el carbono y facilitar un futuro sin residuos.

Un obstáculo adicional para la transición a una economía circular donde los biopolímeros jueguen un papel importante es la falta de etiquetado claro de los diferentes tipos de bioplásticos, lo que genera una considerable confusión sobre si un plástico puede ser reciclado, compostado o debe ser desechado en un vertedero o incinerador. Los plásticos de base biológica y biodegradables, como el PLA y los PHA, están actualmente marcados con un "7", que significa "otros". Esta clasificación a menudo impide su reciclaje debido al riesgo de contaminación de otras corrientes de residuos plásticos.

Una de las propiedades más interesantes de los biopolímeros es su biodegradabilidad. Esto significa que se degradan en entornos naturales como el suelo, lodos activos, agua dulce y agua de mar. La descomposición de polímeros en oligómeros y/o monómeros por depolimerasas es crucial como primer paso en su reciclaje. Esto ofrece perspectivas futuras interesantes para la reciclabilidad de los polímeros en general. Si el mercado de los biopolímeros crece, su biodegradabilidad puede ser una herramienta poderosa para reducir los residuos plásticos y todos los problemas asociados.

Uno de los bioplásticos estrella es el ácido poliláctico (PLA) cuyo origen es el almidón de maíz. Quizás os suene su uso en las pajitas cuya calidad supera a las de papel. Uno de los problemas de este tipo de (bio)plásticos es su origen, ya que se fabrican a partir de las partes comestibles de plantas como el azúcar o el maíz, o a partir de material vegetal que no es apto para el consumo, como el bagazo, la pulpa que queda después de triturar la caña de azúcar. En el caso de que el origen implique partes comestibles de la planta, puede generar problemas en los estratos más pobres de la población. La historia nos muestra impactos negativos que es mejor evitar. Así, por ejemplo, en la primera década del siglo XXI, la producción masiva de biocombustibles vía maíz afectó a su precio y, de rebote, a la población mexicana al incrementarse por dos o tres veces el precio del maíz, ya que esta consume de media diez tortillas de maíz diarias por persona. No solo eso, sustituir tierras por cultivos tendría un impacto en los ecosistemas y la biodiversidad, además de nuevas necesidades de fertilizantes y pesticidas.

Desde el punto de las necesidades hídricas, estas serían mayores. Por ejemplo, un estudio reciente encontró que reemplazar los plásticos a base de combustibles fósiles por alternativas a base de materiales biológicos podría requerir entre 300 y 1 650 000 000 000 millones de metros cúbicos de agua (300-1 650 billones de litros) cada año, lo que equivale al 3 %-18 % de la huella hídrica global promedio.[151] Además, aunque algunos plásticos de base biológica son biodegradables o compostables, la gran mayoría necesitan todavía un procesamiento costoso y una infraestructura de compostaje de la cual carecemos.

¿QUÉ PODEMOS HACER?

Volviendo a los plásticos convencionales, es un hecho que los plásticos se han convertido en uno de los grandes focos de contaminación planetaria. Y no lo digo yo, lo dicen muchos estudios y organismos, como las Naciones Unidas, que afirman que casi el 85 % de la contaminación marina, entre 100 y 200 millones de toneladas, es debida a los plás-

---

151. R. E. Putri (2018). "The water and land footprint of bioplastics". University of Twente. En línea: <https://essay.utwente.nl/74444/>.

ticos.[152] Cada año, entre 19 y 23 millones de toneladas de residuos plásticos se filtran en los ecosistemas acuáticos, contaminando lagos, ríos y mares.[153] Esta situación no solo afecta la vida marina, sino que también tiene repercusiones en la salud humana y en el equilibrio de los ecosistemas. Se estima que, si seguimos esta progresión, habrá más plástico (en peso) que peces en el océano. Además de las aguas marinas, las aguas fluviales y naturales también están seriamente amenazadas. En resumen, los residuos plásticos se han convertido en un problema de grandes dimensiones; la biodiversidad global está seriamente advertida.

Aunque los plásticos representan una ventaja energética en su producción respecto a otros materiales, su uso masivo también contribuye al cambio climático. Se estima que la producción de plásticos emitirá unas 7 gigas de toneladas de CO^2—equivalente (medida en toneladas de la huella de carbono) a cinco veces más que ahora—. A esto le tenemos que sumar que, según la Agencia Internacional de Energía (IEA),[154] si seguimos la actual progresión, en el 2050 la mitad del petróleo que se consuma se orientará a la producción de plástico.

---

152. "Fast Facts – What is Plastic Pollution?". Sustainable Development, 25 de agosto de 2023. En línea: <https://www.un.org/sustainabledevelopment/blog/2023/08/explainer-what-is-plastic-pollution/>.

153. "Plastic Pollution". UN Environment Programme. En línea: <https://www.unep.org/plastic-pollution>.

154. *Net Zero by 2050. A Roadmap for the Global Energy Sector*. IEA, 2021. En línea: <https://www.iea.org/reports/net-zero-by-2050>.

Otro dato negativo proviene de la mala costumbre de muchos países de quemar los residuos plásticos. Un estudio reciente realizado por la ONU y la Real Academia de Ingeniería estima que la quema abierta de residuos produce el 11 % de las emisiones globales de carbono negro. Las emisiones de residuos sólidos provenientes de vertederos y basureros representan aproximadamente entre el 5 %-12 % del total de las emisiones globales de gases de efecto invernadero.

En resumen, el actual uso masivo de los plásticos genera una cantidad desorbitada de residuos plásticos que está afectando y afectará en el futuro a la salud global del planeta.

¿Qué podemos hacer? Esta pregunta tiene difícil respuesta. En teoría, muchas cosas; en realidad, pocas. Hemos perdido el control sobre los residuos plásticos. Los intereses industriales tienen más peso que las políticas nacionales. Únicamente las entes globales y la colaboración internacional tienen parte de la clave. Solo una solución conjunta puede dar respuesta a un problema global. Los primeros pasos se están dando. Uno de ellos se dio en marzo de 2022, durante la quinta sesión de la Asamblea de las Naciones Unidas para el Medio Ambiente (UNEA-5.2),[155] donde se adoptó una resolución histórica para desarrollar un instrumento internacional legalmente vinculante sobre la contaminación plástica, incluida la del entorno marino. Este instrumento se propuso que se basara en un enfoque

---

155. UNEA-5.2. 28 de febrero-2 de marzo de 2022. ONU. Programa para el Medio Ambiente. Nairobi (Kenia). En línea: <https://www.unep.org/es/events/evento-de-onu-medio-ambiente/unea-52>.

integral que aborde todo el ciclo de vida del plástico, desde su producción hasta su diseño y eliminación.

El Comité Intergubernamental de Negociación sobre la Contaminación Plástica (INC)[156] comenzó su trabajo en la segunda mitad de 2022 con la ambición de completar las negociaciones para finales del 2024. Las sesiones del INC se han llevado a cabo en diferentes lugares del mundo, y su objetivo es coordinar esfuerzos globales para reducir la contaminación plástica. Además de abordar la producción y el reciclaje de plásticos, el tratado podría impulsar la innovación hacia una economía circular y segura del plástico, fomentando la inversión en plásticos reutilizables y reciclados en lugar de nuevos plásticos.

Es posible reducir el plástico que consumimos si analizamos sus principales usos. Por ejemplo, prácticamente la mitad del plástico utilizado (el 44 %) se destina al embalaje.[157] Otra enorme fuente insostenible son los plásticos de un solo uso. Cambiar nuestros hábitos también podría garantizar la disminución de consumo de plástico. Por ejemplo, podemos usar botellas reutilizables minimizan-

---

156. "Comité intergubernamental de negociación para la elaboración de un instrumento internacional jurídicamente vinculante sobre la contaminación…", 28 noviembre-2 diciembre de 2022. Punta del Este (Uruguay). En línea: <https://www.unep.org/es/events/conference/inter-governmental-negotiating-committee-meeting-inc-1>.

157. David Miranda (2023). "20 datos sobre el problema del plástico en el mundo", *National Geographic*, 5 de junio. En línea: <https://www.nationalgeographic.com.es/medio-ambiente/20-datos-sobre-problema-plastico-mundo_15282>.

do el uso de botellas de plásticos, compradas por millones en todo el mundo. Podemos usar recipientes de café o té reutilizables, evitando los de un solo uso. También podemos evitar el exceso de embalaje de alimentos, comprar a granel y en tiendas de recarga, evitar los cubiertos de plástico desechables, usar barras de jabón en vez de botellas de gel o potenciar servicios de entrega de leche en botellas de vidrio reutilizables. A su vez, podemos seguir incidiendo en el uso de bolsas de compra reutilizables, evitar el film transparente o no consumir chicle, purpurina, globos y otras decoraciones de fiesta desechables. También se podría reducir el consumo de plásticos y el desperdicio de alimentos vendiendo frutas y verduras sin envases, permitiendo a las personas comprar solo lo que necesitan; aunque esto implicaría cadenas de suministro de alimentos más cortas, con granjas más cercanas al usuario. Pero ¿cómo hacemos compatible esto con el hecho de que más de la mitad de la población mundial viva en grandes ciudades? Seamos realistas, el plástico no se puede eliminar de nuestras vidas, aunque sí se puede repensar su función. Un mundo sin plásticos no es posible, un mundo con el actual consumo de plásticos, tampoco.

Otra opción más agresiva puede ser el uso de medidas punitivas o prohibiciones extremas. Particularmente, con las cifras anteriormente expuestas, veo clave seguir esta senda en algunos plásticos de un solo uso. Las prohibiciones son una herramienta contundente, pero también son un arma de doble filo. Se han de pensar de forma cuidadosa. Ya existen algunas como, por ejemplo, la desarrollada en Francia en 2022. Se introdujo una ley que prohíbe el envasado de plástico para una gran cantidad de frutas y verduras, eliminando el envoltorio excesivo de zanahorias, manzanas y plátanos, y comprometiéndose a eliminar gradualmente todos los plásticos de un solo uso para 2040.[158] Otro ejemplo lo encontramos en Canadá: en enero de 2020, el gobierno federal canadiense anunció una propuesta para prohibir una serie de artículos de plástico de un solo uso para 2021.[159] Esta decisión se basó en un informe encargado por el departamento de medio ambiente de Canadá que concluyó que los plásticos de un solo uso representaban un riesgo significativo para el medio ambiente tanto en su fabricación como en su eliminación. Estos dos ejemplos nos muestran el camino a seguir. Tengo claro que la cooperación global, los acuerdos internacionales y las inversiones en reciclaje son esenciales para abordar la amenaza de la contaminación plástica y avanzar hacia un mundo más sostenible y libre de residuos plásticos.

Recientemente se publicó un artículo con cuatro medidas sencillas para reducir el ¡91 % de los desechos plásticos!:[160]

---

158. "Francia prohíbe los embalajes de plástico para la venta de frutas y hortalizas frescas a partir del 1 de enero de 2022", *Noticias del exterior. Boletín*, n.º 443, 21 de febrero de 2020. En línea: <https://www.mapa.gob.es/images/es/_bne44303franciaal-frutyhort_tcm30-535547.pdf>.

159. Single-use Plastics Prohibition Regulations – Overview. En línea: <https://www.canada.ca/en/environment-climate-change/services/managing-reducing-waste/reduce-plastic-waste/single-use-plastic-overview.html>.

160. "Estas 4 medidas podrían acabar con 91 % de desechos plásticos", 19 de noviembre de 2024, DW. En línea: <https://www.dw.com/es/estas-4-medidas-podr%C3%ADan-acabar-con-91-de-los-desechos-pl%C3%A1sticos-en-todo-el-mundo/a-70823380>.

En primer lugar, se sugiere aumentar la tasa de reciclaje al 40 %, lo que reduciría significativamente los desechos plásticos. Se complementaría con una inversión de 50 000 millones de dólares en infraestructura de gestión de residuos. Además, proponen disminuir la producción de plástico a los niveles de 2020, evitando su crecimiento insostenible. Junto a esto, para desincentivar su uso, defienden la aplicación de impuestos elevados a los envases plásticos.

En otro artículo similar, se sugería que un acuerdo global podría reducir la contaminación por plásticos en un 80 %[161] mediante la eliminación de plásticos innecesarios y problemáticos, fomentando la reutilización y el reciclaje, y optando por materiales alternativos. En paralelo, defendían la necesidad de implementar estándares más estrictos para el diseño de productos plásticos y prohibir ciertos aditivos. A corto y medio plazo, sugieren tomar acciones como mejorar los programas de reciclaje, limitar la producción de plásticos nuevos, incentivar la reutilización de productos y mejorar la infraestructura para la gestión de residuos. Además, claman por establecer regulaciones más estrictas sobre el uso de plásticos de un solo uso y aplicando impuestos a los productos plásticos, puede mitigar el problema de la contaminación por plásticos y avanzar hacia un futuro más sostenible.

---

161. Alistair Walsh (2023). "Cómo reducir contaminación por plásticos en un 80 por ciento". DW, 16 de mayo. En línea: <https://www.dw.com/es/acuerdo-global-podr%C3%ADa-reducir-la-contaminaci%C3%B3n-por-pl%C3%A1sticos-en-un-80-por-ciento/a-65650021>.

Pero no es oro todo lo que reluce, a veces las soluciones que parecen más sencillas son las más complejas. La sociedad actual está enfocada a que la forma en que consumimos y lo que consumimos se centre en el uso único. En paralelo, es un hecho que la gran mayoría de las alternativas a los envases de plástico de un solo uso tienen un costo adicional, uno que muchas personas simplemente no pueden permitirse. La realidad es tozuda y nos muestra que las barreras económicas para acceder a estas alternativas reflejan problemas más amplios relacionados con la riqueza ambiental, la equidad y la inclusión.

En términos generales, los llamados a prohibir los envases de plástico a menudo no abordan los impactos socioeconómicos de hacerlo. ¿Sabíais que, en promedio, las familias de bajos ingresos consumen una mayor proporción de productos preenvasados en comparación con las familias más pudientes? Además, es menos probable que las familias de bajos ingresos tengan acceso a tiendas que vendan carne, frutas y verduras locales, y también es menos probable que puedan permitirse comprar estos productos. Un estudio realizado por investigadores de Harvard encontró que una dieta saludable basada en alimentos de origen local era aproximadamente 2 000 dólares más cara por persona (por año) en comparación con las opciones convencionales de alimentos preenvasados.[162] En general, optar por lo

---

162. Jason Rehel (2013). "A healthy diet costs $2,000 a year more than an unhealthy one for average family of four: Harvard study", *National Post*, 6 de diciembre. En línea: <https://nationalpost.com/health/a-healthy-diet-costs-2000-a-year-more-than-an-unhealthy-one-for-average-family-of-four-harvard-study>.

ecológico a menudo tiene un costo que muchas personas no pueden permitirse. Comprar en el mercado de agricultores local y evitar los alimentos preenvasados está penalizado económicamente y muchas veces es inviable.

Sin embargo, en vista de los desafíos que son resultado directo de sistemas arraigados, ¿qué podemos hacer para solucionarlos? ¿Es práctico, deseable o incluso posible tener un mundo sin plástico o sin envases de plástico de un solo uso? Una llamada a la acción para poner fin a nuestra dependencia de los plásticos debe ir acompañada de pasos claros y tangibles, con una comprensión de las implicaciones de nuestras elecciones. Cualquier cambio tiene un coste (tanto al alejarnos de los plásticos como al abrazarlos), y debemos entender cuáles son estos costes (económicos, ambientales y sociales) y quiénes finalmente los soportan. Para concluir el capítulo, os dejamos nuestro decálogo para reducir los residuos plásticos (figura 23).

DECÁLOGO

UN MUNDO CON
MENOS RESIDUOS PLÁSTICOS

1 AUMENTAR LA TASA DE RECICLAJE

Incrementar la tasa de reciclaje al 40% y acompañarla de una inversión en infraestructura de gestión de residuos puede reducir drásticamente los desechos plásticos.

6 OPTAR POR MATERIALES ALTERNATIVOS

Incentivar el uso de materiales alternativos y sostenibles en lugar de plásticos convencionales.

2 DISMINUIR LA PRODUCCIÓN DE PLÁSTICO

Limitar la producción de plástico a los niveles de 2020 para evitar un crecimiento insostenible y reducir la cantidad de residuos generados.

7 IMPLEMENTAR ESTÁNDARES DE DISEÑO

Establecer estándares más estrictos para el diseño de productos plásticos, eliminando aditivos problemáticos y asegurando que sean más fáciles de reciclar.

3 APLICAR IMPUESTOS A LOS ENVASES PLÁSTICOS

Implementar impuestos elevados a los envases plásticos para desincentivar su uso y fomentar alternativas más sostenibles.

8 MEJORAR LA INFRAESTRUCTURA DE GESTIÓN DE RESIDUOS

Invertir en infraestructura para la gestión de residuos, asegurando que los plásticos se recojan y procesen adecuadamente.

4 ELIMINAR PLÁSTICOS DE UN SOLO USO

Prohibir ciertos plásticos de un solo uso, como lo han hecho Francia y Canadá, para reducir significativamente la contaminación plástica.

9 PROMOVER CADENAS DE SUMINISTRO SOSTENIBLES

Fomentar cadenas de suministro más cortas y sostenibles, como la venta de frutas y verduras sin envases, para reducir el uso de plásticos.

5 FOMENTAR LA REUTILIZACIÓN Y EL RECICLAJE

Promover la reutilización de productos plásticos y mejorar los programas de reciclaje para minimizar los residuos.

10 APOYAR LA COOPERACIÓN GLOBAL

Participar en acuerdos internacionales y colaborar con entes globales para abordar la contaminación plástica de manera integral y efectiva.

REDUCIR LOS RESIDUOS PLÁSTICOS ES UN DESAFÍO GLOBAL QUE REQUIERE LA COLABORACIÓN DE TODOS. ADOPTAR ESTAS ACCIONES PUEDE AYUDARNOS A AVANZAR HACIA UN FUTURO MÁS SOSTENIBLE Y LIBRE DE CONTAMINACIÓN PLÁSTICA.

Figura 23. Decálogo para la reducción de los residuos plásticos. Elaboración propia.

UNA SOLUCIÓN CIRCULAR

La economía actual se basa en el modelo de "coger-hacer-desechar", que depende de recursos baratos y disponibles para crear condiciones de crecimiento y estabilidad. Uno de los pilares de este modelo son los plásticos. Sin embargo, como ya hemos comentado, el impacto ambiental de los plásticos es cada vez más evidente, a lo que hay que añadir un aumento continuado en sus precios en los últimos años. Además, se espera que para 2030 haya 3 000 millones más de consumidores de clase media, lo que incrementará la demanda de recursos finitos y cuestionará nuestro sistema económico actual. Necesitamos un nuevo enfoque.

En los últimos años hemos visto cómo ciertos sectores impulsan e intentan liderar un nuevo modelo económico que reduzca los residuos producidos y maximice el uso de los recursos existentes. Muchas voces abogan por una economía circular como una forma de desvincular el crecimiento de las limitaciones de recursos. Este planteamiento abre caminos para reconciliar las perspectivas de crecimiento y participación económica con la prudencia y equidad ambiental.

La base de la economía circular es garantizar un crecimiento sostenible a lo largo del tiempo. Esto implica optimizar los recursos, reducir el consumo de materias primas y dar una nueva vida a los residuos a través del reciclaje y la reutilización. Esto puede ser especialmente beneficioso en el sector de los plásticos.

Si logramos reenfocar el uso de los plásticos, podremos equilibrar la balanza y seguir utilizándolos de manera responsable. En el 2018 la Comisión Europea lanzó la Estrategia Europea para el Plástico en una Economía Circular, basada en cuatro elementos principales: hacer que el reciclaje sea rentable para las empresas, reducir los residuos plásticos, acabar con el vertido de basura al mar y fomentar la inversión y la innovación. La estrategia presenta una "visión para un sector del plástico inteligente, innovador y sostenible que genere crecimiento y empleo en Europa y contribuya a reducir las emisiones de gases de efecto invernadero y la dependencia de los combustibles fósiles importados".

En mi opinión, en la lucha contra la contaminación por plásticos, es crucial adoptar una visión integral que aborde un cambio de paradigma tanto en la infraestructura para recuperar, reutilizar y evitar, en la medida de lo posible, los plásticos de un solo uso, como en la mentalidad global de la sociedad de consumo. Además, debemos transitar hacia una economía circular, alejándonos del modelo actual de "consumir, fabricar, desechar". Debemos rediseñar productos para que sean más duraderos, reutilizables, reparables y reciclables. La Unión Europea hace tiempo que lidera este enfoque, con el objetivo ambicioso de hacer que todo envase de plástico sea completamente reciclable para 2030.[163] Aunque esto puede parecer utópico, es un buen primer paso a seguir.

Los plásticos nos ofrecen una perspectiva interesante gracias a su capacidad para ser reciclados. A pesar de los problemas actuales con el reciclaje, siguen siendo los materiales más interesantes en este aspecto. El reciclaje implica la reutilización de productos desechados para darles un nuevo uso después de ser recuperados, lo que representa la esencia de la economía circular. Por ejemplo, una botella desechada puede transformarse nuevamente en granza (materia prima) y utilizarse para fabricar una prenda de vestir.

Además del reciclaje, la economía circular también se desarrolla a través de la economía colaborativa, donde plataformas tecnológicas nos permiten compartir sus recursos en lugar de adquirir nuevos. Esto ayuda a reducir la demanda de productos nuevos y promueve la reutilización y el uso eficiente de los recursos existentes.

---

163. "La UE establece que todos los envases europeos sean reciclables para 2030". EMPACK. The Future of Packaging, 1 de febrero de 2024. En línea: <https://www.empackmadrid.com/es/2024/02/01/la-ue-establece-que-todos-los-envases-europeos-sean-reciclables-para-2030/>.

Otra técnica de economía circular es el compostaje de residuos orgánicos, donde convertimos estos residuos orgánicos (incluidos los plásticos compostables) en fertilizante natural. De esta manera, minimizamos los residuos en vertederos y, en su lugar, los convertimos en recursos para la agricultura y la jardinería.

Hasta ahora, la economía circular depende de nosotros, pero existen otras posibilidades que dependen de los fabricantes y del modelo de sociedad de consumo actual. Veamos algunos ejemplos en la figura 24.

En primer lugar, debemos potenciar la extensión de la vida útil de los productos. Una de las cosas que más me molesta del modelo actual de consumo es la obsolescencia programada. En lugar de producir y comprar constantemente nuevos productos, la economía circular promueve la extensión de la vida útil de los productos existentes. Esto se puede lograr mediante el mantenimiento adecuado, la reparación y la actualización de productos electrónicos, electrodomésticos, muebles y otros bienes duraderos. También es fundamental penalizar prácticas como la obsolescencia programada.

Para favorecer la vida útil de los productos, debemos diseñarlos con el objetivo de durabilidad y fácil reparación. Este es un principio clave en toda economía circular que se precie: diseñar productos que sean duraderos, fáciles de reparar y de actualizar. Esto significa que los productos deben ser diseñados para tener una vida útil más larga y ser fácilmente reparables en caso de avería, en lugar de ser desechados y reemplazados.

Extensión de la Vida Útil de los Productos en la Economía Circular

01

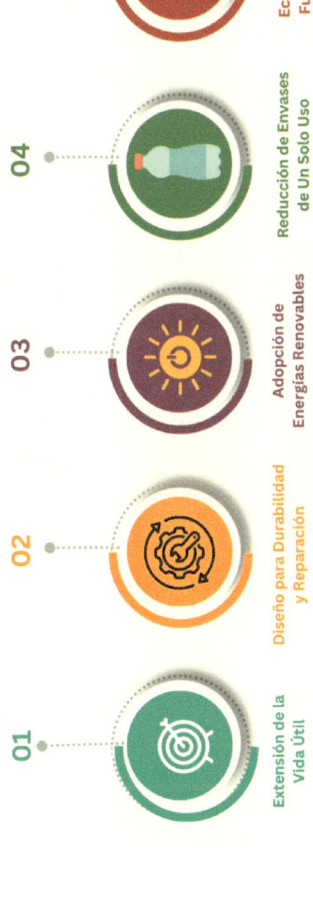

Extensión de la Vida Útil

Extender la vida útil de los productos existentes. Esto se puede lograr mediante el mantenimiento adecuado, la reparación y la actualización de productos electrónicos, electrodomésticos, muebles y otros bienes duraderos. También es fundamental penalizar prácticas como la obsolescencia programada.

02

Diseño para Durabilidad y Reparación

Diseñar productos que sean duraderos, fáciles de reparar y de actualizar. Esto significa que los productos deben ser diseñados para tener una vida útil más larga y ser fácilmente reparables en caso de avería, en lugar de ser desechados y reemplazados.

03

Adopción de Energías Renovables

Adoptar fuentes de energía renovable, como la energía solar y eólica. Estas fuentes pueden ser utilizadas de manera sostenible y renovable, a diferencia de los combustibles fósiles que se prevé que se agoten durante este siglo y que, además, implican problemas medioambientales evidentes.

04

Reducción de Envases de Un Solo Uso

Reducir el uso de los envases de un solo uso mediante el uso de envases reutilizables y retornables. Por ejemplo, en algunos países, los envases de vidrio para bebidas pueden ser devueltos y reutilizados después de su uso, evitando así residuos innecesarios. Esta práctica, por cierto, era habitual en nuestros padres y abuelos.

05

Economía de la Funcionalidad

Los fabricantes no venden los productos en sí, sino que proporcionan los servicios que dichos productos ofrecen. Por ejemplo, en lugar de comprar una impresora, una empresa puede contratar un servicio de impresión a una empresa especializada, lo que promueve el uso eficiente de los recursos y favorece la generación de menos residuos.

06

Upcycling

Convertir materiales o productos desechados en productos de mayor valor y utilidad. Un ejemplo que seguro conocéis, especialmente si tenéis niños pequeños, es el de los parques infantiles con suelos acolchados producidos por neumáticos viejos.

07

Economía Regenerativa

Potenciar la regeneración y restauración de los recursos naturales, como bosques, suelos y fuentes de agua. Con este enfoque, logramos restablecer el equilibrio ecológico, logrando un impacto positivo en la naturaleza.

Figura 24. Extensión de la vida útil de los productos en la economía circular. Elaboración propia.

Además, debemos adoptar fuentes de energía renovable, como la energía solar y eólica. Estas fuentes pueden ser utilizadas de manera sostenible y renovable a diferencia de los combustibles fósiles, que se prevé que se agoten durante este siglo y que, además, implican problemas medioambientales evidentes.

Por otra parte, el problema de los envases de un solo uso se puede reducir mediante el uso de envases reutilizables y retornables. Por ejemplo, en algunos países, los envases de vidrio para bebidas pueden ser devueltos y reutilizados después de su uso, evitando así residuos innecesarios. Esta práctica, por cierto, era habitual en nuestros padres y abuelos.

Otra técnica alineada con la economía circular es la economía de la funcionalidad,[164] un concepto en el que los fabricantes no venden los productos en sí, sino que proporcionan los servicios o funciones que dichos productos ofrecen. Por ejemplo, en lugar de comprar una impresora, una empresa puede contratar un servicio de impresión a una empresa especializada, lo que promueve el uso eficiente de los recursos y favorece la generación de menos residuos.

A esto le podemos sumar el *upcycling*,[165] donde convertimos materiales o productos descartados en productos de más

---

164. *Economía Circular*. En línea: <https://economiacircular.org/economia-circular/>.

165. "Upcycling, modelos por la economía circular". HITA, 3 de diciembre de 2020. En línea: <https://www.plasticoshita.com/noticias/upcycling-modelos-por-la-economia-circular/>.

valor y utilidad. Un ejemplo que seguro que conocéis, especialmente los que tenéis niños pequeños, es el de los parques infantiles con suelos reciclados producidos a partir de neumáticos viejos.

Finalmente, la economía circular se puede complementar con la economía regenerativa,[166] que potencia la regeneración y restauración de los recursos naturales, como bosques, suelos y fuentes de agua. Con este enfoque, logramos restablecer el equilibrio ecológico, logrando un impacto positivo en la naturaleza.

Como he demostrado con diversos ejemplos, la economía circular es una herramienta muy valiosa para repensar el posconsumo de los plásticos. Sin duda alguna, nos permitiría crear una economía más sostenible, con menos residuos y un mayor aprovechamiento de los recursos. Para abordar la economía circular aplicada a los plásticos, es fundamental comprender primero su vida útil, es decir, la fase estimada de uso. Esta puede variar considerablemente, desde uno hasta cincuenta años, aunque hay productos, como las tuberías de plástico utilizadas en construcción, que pueden durar hasta cien años. Además, es crucial tener en cuenta las limitaciones inherentes al reciclaje de plásticos.

Este último tema, el reciclaje de los plásticos, está generando grandes problemas y no está avanzando tan bien como

---

166. "Qué es la economía regenerativa y cómo se aplica a las empresas". EALDE, 5 de marzo de 2024. En línea: <https://www.ealde.es/economia-regenerativa/>.

desearíamos. ¿Por qué? ¿Cuáles son las causas de estas deficiencias? ¿Qué tipo de reciclaje se está realizando? En el próximo capítulo intentaré dar respuesta a estas y otras preguntas.

EL RECICLADO: APARENTEMENTE TAN FÁCIL, PERO TAN COMPLEJO

En la década de 1960, el mundo se dio cuenta por primera vez que los plásticos podían contaminar los océanos y el planeta entero. Su durabilidad, inicialmente vista como una cualidad muy positiva, se tornó en un problema, y la sociedad comenzó a concienciarse sobre la necesidad de cambiar las cosas.

En la década de 1970,[167] en lugar de reunirse y tomar medidas para controlar la industria plástica, las empresas decidieron culpar al eslabón más débil: el consumidor. Su estrategia fue desviar el problema desde la producción hacia la eliminación. Es decir, no había problema en producir

---

167. Kat Eschner (2017). "How the 1970s Created Recycling As We Know It", *Smithsonian Magazine*, 15 de noviembre. En línea: <https://www.smithsonianmag.com/smart-news/how-1970s-created-recycling-we-know-it-180967179/>.

la cantidad de plásticos que fuera necesaria; el problema residía en que no los eliminábamos correctamente. Así nacieron las campañas de las 3R: *Reducir, Reutilizar, Reciclar*, a la que tendríamos que añadir una cuarta R, la de *Recuperar* (energía).

La sociedad creyó que podía seguir consumiendo más y más plástico siempre que, al finalizar su uso, lo depositara en el contenedor adecuado. Esta solución, en lugar de controlar el problema de la contaminación plástica, lo agravó, favoreciendo el uso indiscriminado y cada vez más habitual de los productos de usar y tirar en el contenedor adecuado. Quizás ese momento fue clave respecto al problema actual que nos acecha.

Un ejemplo emblemático[168] de esta época es la campaña *'The Crying Indian,'*[169] lanzada en 1971 por la organización sin ánimo de lucro Keeping America Beautiful,[170] que animaba a la gente a no tirar la basura al suelo. La primera campaña ecológica de la historia.

---

168. Una versión de este artículo aparece impresa el 28 de febrero de 2023, sección B, página 5 de la edición de Nueva York con el titular: "'Crying Indian' TV Ad That Targeted Pollution Retired as Outmoded" de Emily Schmall. En línea: <https://www.nytimes.com/2023/02/27/us/native-american-pollution-ad.html>.

169. *The Crying Indian*. Full commercial. Keep America Beautiful. YouTube. En línea: <https://www.youtube.com/watch?v=j7OHG7tHrNM>.

170. "The Greatest American Cleanup is Keep America Beautiful's Vision for Making America Look its Best for Our Nation's 250th Birthday". Keep America Beautiful. En línea: <https://kab.org/

En esta misma década, un grupo de estudiantes presentó, al concurso que organizaba la Container Corporation of America para celebrar el primer día de la Tierra, unos dibujos en forma de triángulos, basados en los triángulos de Moebius.[171] Estos triángulos pasaron a la posteridad como el símbolo universal del reciclaje. El símbolo reflejaba cada uno de los pasos del reciclaje: recogida de materiales, proceso de reciclado y compra de dichos productos ya reciclados. En 1988 la Sociedad Estadounidense de la Industria del Plástico[172] creó los códigos de reciclaje de los plásticos, dividiéndolos en siete números. La idea buscaba facilitar el reciclado de los plásticos con una identificación previa que permitiera clasificarlos y separarlos.

El sistema de numeración del 1 al 7 permite a consumidores, recicladores y fabricantes identificar rápidamente el tipo de plástico. No todos los plásticos se reciclan de la misma manera o con la misma facilidad. Estos números nos orientan sobre cómo depositar el plástico en el contenedor adecuado, convirtiéndose en el primer paso para gestionar los residuos plásticos; el siguiente paso es el reciclaje.

---

171. Max Liboiron (2012). "Designing a Reuse Symbol and the Challenge of Recycling's Legacy", *Discard Studies*, 25 de julio. En línea: <https://discardstudies.com/2012/07/25/designing-a-reuse-symbol-and-the-challenge-of-recyclings-legacy/>.

172. "Recycling codes". Plastic Soup, 1 de marzo de 2021. En línea: <https://www.plasticsoupfoundation.org/en/plastic-problem/what-is-plastic/recycling-codes/>.

Figura 25. Figura de los iconos de reciclaje de los principales polímeros. Elaboración propia.

Hace poco más de veinticinco años aparecieron los primeros contenedores amarillos y azules en España, coincidiendo con la creación de la Ley de Envases, aprobada en 1997.[173] En otros países, como Estados Unidos o Alemania, el reciclaje de plásticos comenzó a popularizarse a finales de la década de 1980. Sin embargo, al finalizar el siglo xx e iniciar el xxi, los países del primer mundo, en lugar de reciclar, vendían sus residuos a países más pobres, que a su vez los trataban y vendían a países emergentes como China, donde se utilizaban en productos de bajo valor. A partir del siglo xxi, países como Vietnam, Malasia, Turquía o India, habituales receptores de los residuos plásticos del primer mundo, comenzaron a rechazarlos debido a la acumulación de plásticos en vertederos que no podían vender. El problema de los residuos plásticos volvía así a la casilla inicial.

---

173. Ley 11/1997, de 24 de abril, de Envases y Residuos de Envases. BOE, n.º 99, de 25 de abril de 1997. En línea: <https://www.boe.es/buscar/act.php?id=BOE-A-1997-8875>.

Como hemos visto, una de las grandes propiedades de los plásticos es su capacidad para ser reciclados. El reciclaje ofrece oportunidades para reducir el uso de petróleo, las emisiones de dióxido de carbono y las cantidades de residuos que requieren eliminación. El reciclaje es claramente una estrategia de gestión de residuos, pero también se puede ver como un ejemplo actual de implementación del concepto de ecología industrial, donde en un ecosistema natural no hay residuos, sino solo productos.

El reciclaje de plásticos es un método para reducir el impacto ambiental y el agotamiento de recursos. Fundamentalmente, altos niveles de reciclaje, al igual que la reducción en el uso, la reutilización y la reparación o la refabricación, pueden permitir un nivel dado de servicio de producto con menores insumos de material de lo que se requeriría de otra manera. Por lo tanto, el reciclaje puede disminuir el uso de energía y materiales por unidad de producción y así obtener una mejor ecoeficiencia.

El reciclaje empieza con la recogida selectiva de flujos de residuos mezclados, que luego son clasificados y, si es posible, separados. Sin duda alguna, necesitamos mejores programas de recogida de residuos y de técnicas de clasificación, junto con la optimización del ecodiseño y la innovación. Respecto a las técnicas de clasificación, el primer paso se focaliza en el tipo de material recogido. Luego se realiza una clasificación de los envases plásticos por tipo de polímero de flujos de recogida de residuos mezclados y separados. A continuación, se separan otros materiales para reciclaje (aluminio, hojalata, papel/cartón). El plástico separado es triturado, lavado y se realiza una segunda clasificación y control.

Actualmente, existen diferentes estrategias para reciclar los plásticos,[174] [175] siendo el reciclado mecánico el más habitual y el reciclado químico el más efectivo. A continuación, detallamos ambos procesos:

a) **Reciclado mecánico:** este método se utiliza para procesar residuos plásticos y reconvertirlos en materias primas secundarias o productos sin cambiar significativamente la estructura química del material. Es adecuado para el reciclado de termoplásticos y se divide en las siguientes etapas:

Figura 26. Etapas del reciclado mecánico. Elaboración propia.

174. "The Different Types Of Recycling". Plastics for Chance, 7 de septiembre de 2021. En línea: <https://www.plasticsforchange.org/blog/types-of-recycling>.

175. "Understanding the Different Types of Plastic Recycling". APC Packaging. En línea: <https://techcenter.apcpackaging.com/types-of-plastic-reclycling>.

b) **Reciclado químico:** en este método, los residuos poliméricos cambian su estructura química para ser utilizados como materia prima para la fabricación de nuevos plásticos. Sin duda, este enfoque se ajusta mejor a la economía circular, una de las apuestas de este libro para afrontar el futuro de los plásticos. Esto se puede lograr mediante pirólisis, gasificación, *hidrocracking* o despolimerización. La calidad del producto reciclado es superior a la obtenida por reciclaje mecánico. Se divide en tres categorías distintas según la posición de salida en la cadena de suministro de plásticos:

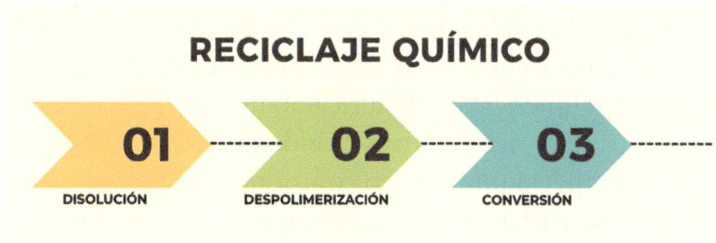

Figura 27. Categorías del reciclado químico. Elaboración propia.

• **Disolución:** en primer lugar, se eliminan los aditivos que acompañan a los polímeros. El plástico se disuelve, volviendo a la etapa inicial de polímero. Los polímeros pueden reformularse en nuevos plásticos reciclados.

• **Despolimerización:** a través de la temperatura, los solventes y las reacciones químicas, los polímeros se convierten en los monómeros iniciales, que luego se reintroducen en el proceso de producción de plásticos. Este método solo se puede aplicar a polímeros de "condensación" como el PET y las poliamidas.

• **Conversión:** mediante temperatura, reacciones químicas o procesos catalíticos, los residuos plásticos se transforman en una materia prima gaseosa o líquida por pirólisis, que luego se utiliza como materia prima para nuevas
polimerizaciones. Este proceso descompone polímeros de
adición como el polietileno (PP), el polipropileno (PE) o
el cloruro de polivinilo (PVC), que constituyen la mayoría
de los flujos de residuos plásticos.

Las tecnologías de reciclaje químico satisfacen el principio
general de recuperación de materiales, pero son más costosas que el reciclaje mecánico y menos favorables energéticamente, ya que el polímero debe despolimerizarse y
luego repolimerizarse. Históricamente, esto ha requerido
subsidios muy significativos debido al bajo precio de los
productos petroquímicos en contraste con los altos costos
de proceso y planta para reciclar químicamente los polímeros.

Aunque el reciclado mecánico es más fácil y menos costoso, se ha demostrado que es poco efectivo, como lo indican
las bajas tasas de reciclaje actuales. Necesitamos ir un paso
más allá. Para lograrlo, debemos potenciar el reciclaje químico, aunque debemos superar ciertas barreras, como las
energéticas y las de rendimiento en comparación con el
reciclado mecánico. A pesar de los beneficios del reciclado
químico, continúa siendo un método complejo, pero ha
de ser una verdadera apuesta futura.

El problema del reciclaje

Cada día recibimos mensajes insistentes que nos piden reducir nuestra dependencia de los plásticos, priorizando materiales con mayor capacidad de reciclaje o compostabilidad. Sin embargo, el uso del plástico sigue aumentando año tras año.[176] Aproximadamente el 50 % de los plásticos se utilizan para aplicaciones desechables de un solo uso, como embalajes, películas agrícolas y artículos de consumo desechables, entre el 20 % y el 25 % para infraestructura a largo plazo, como tuberías, recubrimientos de cables y materiales estructurales, y el resto para aplicaciones de consumo duraderas con una vida útil intermedia, como en productos electrónicos, muebles, vehículos, etc. La generación de residuos plásticos posconsumo en la Unión Europea (UE) fue de 24,6 millones de toneladas en 2007.[177] Esto confirma que el embalaje es la principal fuente de residuos plásticos, pero está claro que otras fuentes como los residuos de equipos eléctricos y electrónicos (RAEE) y los vehículos al final de su vida útil (VFU) están convirtiéndose en fuentes significativas de residuos plásticos.

---

176. Jefferson Hopewell; Robert Dvorak; Edward Kosior (2009). "Plastics recycling: challenges and opportunities", *National Library of Medicine*, 27 de julio. En línea: <https://pmc.ncbi.nlm.nih.gov/articles/PMC2873020/>.

177. *The Compelling Facts About Plastics 2007. An analysis of plastics production, demand and recovery for 2007 in Europe*. Plastics. The Material for the 21st Century, octubre de 2008. En línea: <https://plasticseurope.org/wp-content/uploads/2021/10/2007-Compelling-facts.pdf>.

La cantidad de material posconsumo que llega a las instalaciones de reciclaje es mayor que la cantidad de material que se puede reciclar, debido a las impurezas y otros materiales. El material desechado incluye humedad, materia orgánica (por ejemplo, alimentos adheridos), tejidos, materiales compuestos, papel, adhesivos, metales y restos plásticos descartados durante el proceso de reciclaje. Haciendo un símil, sería como hacer una tortilla de patata: parte de la patata, la piel, no se puede usar y las cáscaras de huevo tampoco. Si la haces con cebolla, cómo debería ser, tienes más material desechado.

Uno de los problemas más habituales en el reciclaje de plásticos es que muchos artículos están compuestos por diferentes polímeros o múltiples capas de plástico, o están contaminados con alimentos o suciedad. Esto dificulta enormemente el reciclaje, especialmente si se realiza de manera mecánica. En su lugar, estos plásticos se incineran o se envían a vertederos. De aquí las terribles cifras que acompañan al reciclaje de los plásticos: se estima que alrededor del 15 % en Europa y el 9 % en los Estados Unidos.[178]

Aunque existen siete tipos principales de plásticos, solo el PET y el HDPE son comúnmente reciclados. Los otros tipos son difíciles y costosos de reciclar debido a su incompatibilidad y bajo valor de mercado. A esto se suma que los contenedores de reciclaje mixtos a menudo contienen

---

178. "Global Plastics Outlook. Economic Drivers, Environmental Impacts and Policy Options". OECD, 22 de febrero de 2022. En línea: <https://www.oecd-ilibrary.org/environment/global-plastics-outlook_de747aef-en>.

contaminantes que dificultan el reciclaje. Además, el plástico virgen es más barato que el reciclado, lo que desincentiva el uso de materiales reciclados. A pesar de todos estos inconvenientes, el plástico reciclado encuentra usos, como se muestra en la imagen adjunta.

Figura 28. Reciclado del PET (https://tuit.cat/e4Zhs), HDPE, PVC, LDPE, PP y PS. Elaboración propia.

Es importante destacar que no existen fórmulas ni soluciones mágicas para solucionar las bajas cifras del reciclaje de plásticos actual. El problema del reciclaje es multifactorial y, por lo tanto, la solución debe abordarse desde diversas y complejas perspectivas. El reciclaje no es siempre fácil ni práctico en muchos escenarios, lo que significa que en la práctica no debe ser la única solución para la contaminación plástica. Sin embargo, el problema fundamental no radica en el "cómo", sino en el "porqué": a menudo, el propósito del reciclaje es obtener ganancias, no conservar nuestro medio ambiente. Si queremos preservar efectivamente nuestros recursos naturales, ecosistemas y vida silvestre, necesitamos cambiar radicalmente nuestro objetivo final al participar en prácticas sostenibles.

Un desafío importante para producir polímeros reciclados a partir de residuos plásticos es que la mayoría de los diferentes tipos de plásticos no son compatibles entre sí debido a la inmiscibilidad inherente a nivel molecular y las diferencias en los requisitos de procesamiento a gran escala. Por ejemplo, una pequeña cantidad de contaminante de PVC presente en un flujo de reciclaje de PET degradará la resina de PET reciclada debido a la evolución del gas ácido clorhídrico del PVC a una temperatura más alta requerida para fundir y reprocesar el PET. Por el contrario, el PET en un flujo de reciclaje de PVC formará grumos sólidos de PET cristalino no disperso, lo que reduce significativamente el valor del material reciclado.

Por lo tanto, a menudo no es técnicamente factible agregar plástico recuperado al polímero virgen sin disminuir al menos algunas cualidades del plástico virgen, como el color, la claridad o las propiedades mecánicas como la resistencia al impacto. La mayoría de los usos del polímero reciclado mezclan el polímero reciclado con el polímero virgen, habitualmente hecho con películas de poliolefina para aplicaciones no críticas como bolsas de basura y tuberías de riego o drenaje no clasificadas para presión, o para su uso en aplicaciones multicapa, donde la resina reciclada se intercala entre capas superficiales de resina virgen.

La capacidad de sustituir plástico reciclado por polímero virgen generalmente depende de la pureza del plástico recuperado y los requisitos de propiedad del producto plástico a fabricar. Esto ha llevado a los esquemas de reciclaje actuales para residuos posconsumo que se concentran en los envases más fácilmente separables, como las botellas de refrescos y agua de PET y las botellas de leche de HDPE, que se pueden identificar y clasificar positivamente de un flujo de residuos mezclados. Por el contrario, hay un reciclaje limitado de artículos multicapa/multicomponente porque producen contaminación entre diferentes tipos de polímeros. El reciclaje posconsumo, por lo tanto, comprende varios pasos clave: recolección, clasificación, limpieza, reducción de tamaño y separación, y/o compatibilización para reducir la contaminación por polímeros incompatibles.

La directiva de la Comisión Europea relativa a los envases y residuos de envases[179] modifica la metodología utilizada para calcular los índices de reciclaje de envases al medir las cantidades recicladas en una etapa posterior del proceso de reciclaje. Este nuevo índice de reciclaje de envases plásticos, que actualmente se sitúa en el 42 %, se puede redu-

---

179. "Los envases y sus residuos". EUR-Lex (última actualización 15 de junio de 2020). En línea: <https://eur-lex.europa.eu/ES/legal-content/summary/packaging-and-packaging-waste.html>.

cir más de 10 puntos (hasta un exiguo 29 %) con el nuevo cálculo. Esto está muy lejos del objetivo planteado por la Unión Europea para 2030, que busca llegar al 55 %.[180]

A pesar de los desafíos que presenta el reciclaje de envases de plástico, hay voces que sugieren considerar todo su ciclo de vida para evaluar sus impactos ambientales y económicos. El peligro de eliminar los envases de plástico en favor de una alternativa más reciclable es que la huella ambiental de esta última puede ser significativamente mayor que la del envase de plástico, que hemos considerado "perjudicial para el medio ambiente".

En este punto, son clave las políticas que aseguren la obtención de productos reciclados con propiedades homogeneizadas, garantizando la calidad, el rendimiento y la seguridad de los productos para que estos sean competitivos en el mercado actual respecto a los productos primarios.

El reciclaje efectivo de residuos plásticos mixtos representa el próximo gran desafío para el sector del reciclaje de plásticos. La capacidad de reciclar una mayor proporción del flujo de residuos plásticos al expandir la recolección posconsumo de envases plásticos para cubrir una variedad más amplia de materiales y tipos de envases es una ventaja

---

180. "Principales objetivos de la UE para una economía baja en residuos y circular", *Boletín Mensual*. Ministerio para la Transformación Ecológica y el Reto Demográfico. En línea: <https://www.miteco.gob.es/es/ceneam/carpeta-informativa-del-ceneam/novedades/objetivos-ue-economia-circular.html#:~:text=En%20concreto%2C%20establece%20que%20los,un%2025%20%25%20de%20la%20madera>.

significativa. Para conseguirlo es clave un buen diseño de productos pensado para su posterior reciclaje. Por ejemplo, si analizamos los envases en una cesta de la compra común, observamos que una gran parte no se pueden reciclar. Bajo mi punto de vista, debemos implementar políticas que promuevan el uso de principios de diseño ambiental por parte de la industria para mejorar el impacto en el rendimiento del reciclaje, aumentando la proporción de envases que se pueden recolectar y desviar económicamente de los vertederos.

La misma lógica se aplica a los bienes de consumo duraderos: diseñar para el desmontaje, el reciclaje y las especificaciones para el uso de polímeros reciclados son acciones clave para aumentar el reciclaje. La mayoría de los esquemas de recolección posconsumo son para envases rígidos, ya que los envases flexibles tienden a ser problemáticos durante las etapas de recolección y clasificación.

Las instalaciones actuales de recuperación de materiales tienen dificultades para manejar envases plásticos flexibles debido a las diferentes características de manejo de los envases rígidos. La baja relación peso-volumen de las películas y bolsas de plástico también hace que sea menos viable económicamente invertir en las instalaciones necesarias de recolección y clasificación. Sin embargo, las películas plásticas se reciclan actualmente a partir de fuentes que incluyen envases secundarios como el envoltorio retráctil de paletas y cajas y algunas películas agrícolas, por lo que esto es factible bajo las condiciones adecuadas.

Los enfoques para aumentar el reciclaje de películas y envases flexibles podrían incluir la recolección separada o la inversión en instalaciones adicionales de clasificación y procesamiento en las instalaciones de recuperación para manejar residuos plásticos mixtos. Para tener un reciclaje exitoso de plásticos mixtos, se necesita realizar una clasificación de alto rendimiento de los materiales de entrada para garantizar que los tipos de plásticos se separen a altos niveles de pureza; sin embargo, es necesario desarrollar más los mercados finales para cada flujo de reciclado de polímeros.

Otra acción muy interesante para aumentar la efectividad del reciclaje de envases posconsumo es racionalizar el número de plásticos usados para determinadas aplicaciones. Por ejemplo, si los contenedores de plástico rígido que van desde botellas hasta bandejas fueran todos de PET, HDPE y PP, sin PVC transparente o PS, que son problemáticos en los reciclables mezclados, lograríamos que todos los envases de plástico rígido se pudieran recolectar y clasificar más fácilmente minimizando la contaminación cruzada. Las pérdidas de material rechazado y el valor de las resinas recicladas mejorarían.

Además, es clave la clasificación y separación dentro de las plantas de reciclaje, ya que ofrecen un mayor potencial tanto para mayores volúmenes de reciclaje como para una mejor ecoeficiencia al disminuir las fracciones de residuos, el uso de energía y agua. Los objetivos deben ser maximizar tanto el volumen como la calidad de las resinas recicladas.

Algunos usos actuales de los plásticos reciclados están enfocados a productos para la construcción de carreteras como conos y cilindros de tráfico, ventanas, tuberías, todo tipo de paneles (aislantes, ondulados o para perfiles de pavimentos), bolsas de basura, palés, botellas de bebidas, papel de burbujas, botes para champú o detergentes de limpieza, láminas para transporte o cintas de embalar. Se estima que más del 20 % de los productos plásticos reciclados se usa para aplicaciones de envases y embalajes. Y uno de cada seis, para automoción y electrónica como parachoques, taladros, calzado deportivo, mochilas, retrovisores exteriores, aspiradores, máquinas de café, perchas, fundas de cables, luces de advertencia, cajas plegables o triángulos de seguridad. Por último, uno de cada diez se enfoca en usos en agricultura y jardinería, como barriles para agua de lluvia, palés de cultivo, compostadoras, tuberías y mangueras de riego, parterres elevados, tubos, maceteros y tiestos para flores y cestos colgantes, láminas/films de jardinería y agricultura, o films de ensilado.[181]

Podríamos seguir con más y más ejemplos, pero me he querido centrar en los principales usos actuales. Si queremos aumentar y mejorar el reciclaje, debemos alinear a las autoridades, la industria y los ciudadanos para que dejen de mirar a otro lado respecto a los residuos plásticos y evitar que estos terminen mayoritariamente en vertederos o en la naturaleza. Centrémonos en mejorar los programas de recogida de residuos y las técnicas de clasificación para alcanzar mayores índices de reciclaje. No seamos consumidores pasivos e impliquémonos en la solución del proble-

---

181. *La economía circular de los plásticos. Una visión europea*. PlasticsEurope AISBL. En línea: <https://plasticseurope.org/es/wp-content/uploads/sites/4/2021/11/Economia_Circular_Plasticos-June2020_Spanish.pdf>.

ma. Invirtamos en nuevas tecnologías de reciclaje como complemento al reciclaje mecánico. Además, exijamos a los fabricantes que se impliquen activamente en el problema del reciclaje. Ellos son actores claves. Os comparto mi propio decálogo orientado a ellos:

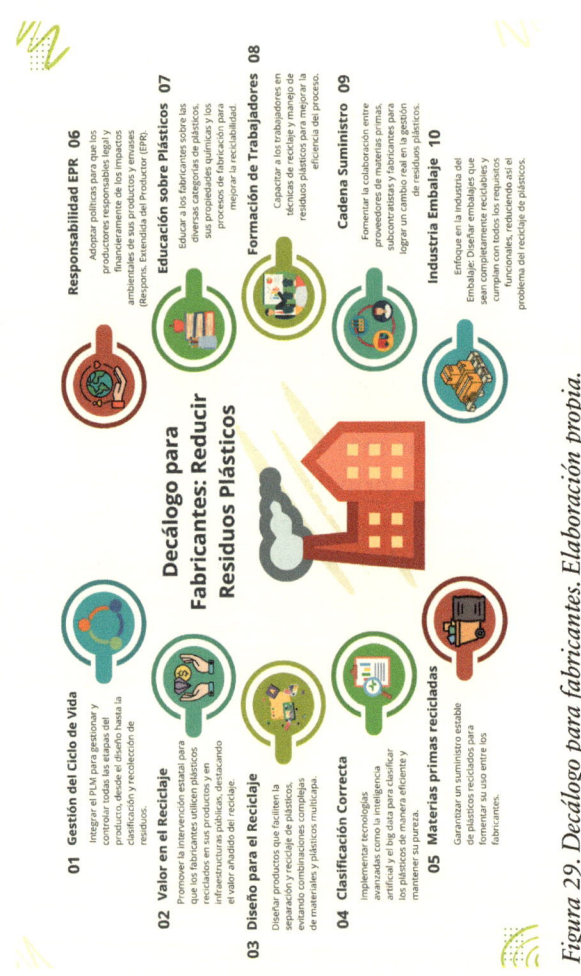

Figura 29. Decálogo para fabricantes. Elaboración propia.

Otro problema añadido es que los plásticos son cada vez son más complejos debido a los aditivos que se les añaden, tales como estabilizadores térmicos, pigmentos, retardantes de llama, antimicrobianos o modificadores de impacto. Estos aditivos han sido los principales impulsores de las grandes innovaciones en la ciencia de materiales poliméricos. Según el profesor Michael Braungart, fundador y director científico de EPEA, entre otros, existen 900 aditivos utilizados solo en el polipropileno.

Para concluir, me gustaría compartir la estrategia de plásticos de la UE, adoptada en enero de 2018,[182] la cual es una parte fundamental del plan de acción para la economía circular y busca transformar la manera en que se diseñan, producen, usan y reciclan los productos plásticos en la UE. Esta estrategia tiene como objetivos proteger el medio ambiente, reducir la basura marina, las emisiones de gases de efecto invernadero y la dependencia de combustibles fósiles importados. Además, promueve patrones de consumo y producción más sostenibles y seguros para los plásticos.

Entre las acciones clave de la estrategia se incluyen la creación de nuevas reglas de empaquetado para mejorar la reciclabilidad de los plásticos y aumentar la demanda de contenido reciclado, así como mejorar la recolección separada de residuos plásticos. También se han implemen-

---

182. "Plastics strategy. The EU's plastics strategy aims to transform the way plastic products are designed, produced, used and recycled in the EU", *Environment*. European Commission. En línea: <https://environment.ec.europa.eu/strategy/plastics-strategy_en>.

tado medidas para restringir el uso de microplásticos en productos y reducir su liberación no intencional en el medio ambiente. La estrategia fomenta la innovación y la inversión, destinando fondos adicionales para desarrollar materiales plásticos más inteligentes y reciclables, y para mejorar los procesos de reciclaje.

Globalmente, la UE trabaja con socios internacionales para desarrollar soluciones y estándares globales sobre plásticos, apoyando la transición hacia una economía circular y sostenible. Esta estrategia es un elemento clave en la transición de Europa hacia una economía neutra en carbono y circular, contribuyendo a alcanzar los objetivos de Desarrollo Sostenible para 2030 y los objetivos del Acuerdo de París.

Por último, me gustaría compartir las doce formas que, bajo mi punto de vista, nos pueden permitir afrontar el problema del reciclado de los plásticos (figura 30).

En resumen, el reciclaje es una estrategia crucial para la gestión de residuos al final de la vida útil de los productos plásticos. Tiene cada vez más sentido tanto económica como ambientalmente, y las tendencias recientes demuestran un aumento sustancial en la tasa de recuperación y reciclaje de residuos plásticos. Es probable que estas tendencias continúen, pero aún existen desafíos significativos debido a factores tecnológicos, económicos y de comportamiento social relacionados con la recolección de residuos reciclables y la sustitución de materiales vírgenes.

El reciclaje de una gama más amplia de envases plásticos posconsumo, junto con los residuos plásticos de bienes de

12 FORMAS de afrontar el problema del reciclaje de plásticos

1 Mejorar las Instalaciones de Reciclaje

Abordar la generación de residuos plásticos en las instalaciones de reciclaje, donde entre el 5% y el 10% de los plásticos se desprenden como microplásticos durante el lavado.

2 Reducir Costos del Plástico Reciclado

Implementar políticas y subsidios que hagan el plástico reciclado más competitivo en precio comparado con el plástico nuevo

3 Aumentar Calidad Plástico Reciclado

Invertir en tecnologías que mantengan la calidad del plástico reciclado y ampliar la capacidad de las instalaciones para procesar diferentes tipos de plásticos.

4 Optimizar Sistemas de Recolección

Mejorar la eficiencia de los sistemas de recolección de plásticos para asegurar que más residuos sean reciclados adecuadamente.

5 Proteger a los Trabajadores del Reciclaje

Implementar medidas de seguridad para reducir la exposición de los trabajadores a contaminantes durante el proceso de reciclaje.

6 Prohibir la Exportación de Residuos

Establecer un tratado internacional que prohíba la exportación de residuos plásticos a países en desarrollo, asegurando un manejo responsable de los residuos.

Figura 30. Doce formas de afrontar el problema de los residuos plásticos. Elaboración propia.

7 Gestión adecuada de los Plásticos

Crear sistemas de reciclaje que puedan manejar los siete tipos diferentes de plásticos, cada uno con su propio comportamiento de degradació

8 Recolectores de Residuos

Fomentar la educación y proporcionar oportunidades de empleo organizadas para nuevos recolectores de residuos especializados.

9 Políticas de reciclaje adaptadas

Desarrollar políticas de reciclaje que consideren las complejidades económicas y sociales de cada región, evitando soluciones universales que no sean efectivas en todos los contextos.

10 Plásticos MLP categorizados

Establecer una categoría de reciclaje especial para plásticos multicapa (MLP), como envases de pasta de dientes y paquetes de papas fritas, que actualmente no tienen un mercado de reciclaje viable.

11 Evitar el "Plástico Negro"

Prohibir o reducir el uso de plásticos negros, que son difíciles de reciclar y no son detectados por los escáneres de luz, terminando en vertederos o incineradores.

BEST PRACTICE

12 Promover Buenas Prácticas de Reciclaje

○ Separar residuos húmedos de los secos y colocarlos en los contenedores de reciclaje correctos.
○ Limpiar contenedores de alimentos para hacerlos aptos para el reciclaje.
○ Aprender qué símbolos corresponden a cada tipo de plástico para reciclar correctamente.

Adoptar estas acciones puede ayudar a reducir significativamente los residuos plásticos y avanzar hacia un futuro más sostenible. Cada paso cuenta y juntos podemos hacer una gran diferencia.

consumo y vehículos al final de su vida útil, permitirá mejorar aún más las tasas de recuperación de residuos plásticos y la desviación de los vertederos.

Será también clave aumentar el uso y la especificación de grados reciclados como reemplazo del plástico virgen. El reciclaje de residuos plásticos es una forma efectiva de mejorar el rendimiento ambiental de la industria de polímeros.

La historia del plástico y su reciclaje nos muestra que, aunque hemos avanzado en la concienciación y en las técnicas de reciclaje, aún existen desafíos. Para abordar eficazmente la contaminación plástica, es crucial cambiar nuestro enfoque hacia prácticas más sostenibles y considerar todo el ciclo de vida de los productos.

Si queremos tener un equilibrio respecto al uso responsable de los plásticos, debemos repensar fundamentalmente la forma en que los fabricamos, usamos y reutilizamos, para que no se conviertan únicamente en residuos sin uso. La economía circular puede ser un enfoque interesante para lograr este objetivo.

El futuro de los plásticos depende de nuestra capacidad para innovar y adaptarnos. La economía circular no es solo una opción, sino una necesidad imperiosa para asegurar un planeta sostenible para las generaciones futuras. Cada uno de nosotros tiene un papel crucial en este cambio. Al tomar decisiones informadas y responsables, podemos transformar el desafío de los plásticos en una oportunidad para un mundo mejor.

Creo que es momento de concluir este viaje donde hemos conocido un poco más sobre la historia de los plásticos, abordando sus usos y problemáticas asociadas. Este recorrido fascinante nos ha llevado a conocer una auténtica historia de éxito respecto a estos materiales, pero como sabéis, del éxito al fracaso hay un paso. Evitemos que este paso se llegue a dar.

DESPEDIDA

Querida lectora, querido lector:

Ha llegado el momento de despedirnos, o quizás solo sea un hasta luego. Quién sabe, tal vez nos encontremos de nuevo en una partida de billar en el HdP. Lo que sí sé es que, a partir de ahora, cada vez que veas una bola de billar, te evocará historias sonoras pasadas.

Deseo sinceramente que el recorrido que acabas de hacer sobre el mundo de los plásticos haya sido tan entretenido como provechoso, y que hayas disfrutado tanto de la lectura de este libro como yo me he deleitado escribiéndolo. También espero que te haya aportado nuevos conocimientos. Te confieso que he aprendido mucho durante la ardua y larga escritura de este libro y mis conocimientos sobre el mundo de los plásticos han aumentado considerablemente. Espero que los tuyos también.

Durante los dos años que he dedicado a escribir estas líneas, he aprendido muchísimo sobre el impacto de los plásticos en nuestras vidas. Mi visión ha cambiado y la forma de entender los plásticos también. Espero que a ti te haya sucedido lo mismo.

El libro nos ha mostrado las dos caras de los plásticos: la buena y la mala. Nos ha demostrado que, para abordar su presente y futuro, es esencial establecer un debate equilibrado que considere tanto sus ventajas como sus desventajas. Sin este equilibrio, cualquier discusión sobre su futuro y las acciones que se deriven de ella serán estériles.

Como habrás podido observar, no he evitado el debate sobre la problemática de los residuos y el reciclaje de los plásticos, aportando acciones y posibles soluciones. Una de estas soluciones, en la que he realizado una apuesta decidida, es la economía circular. Aunque soy realista y reconozco el dominio actual de la economía por parte del neoliberalismo, lo que me hace ser bastante pesimista respecto a la implementación de nuevos modelos económicos que cambien el paradigma actual. La esperanza es lo último que se pierde.

Y ahora, te preguntarás, ¿qué hacemos con la carga que nos ha traído el uso indiscriminado y favorable de los plásticos? ¿Qué hacemos con los microplásticos y nanoplásticos? ¿Cómo afrontamos el futuro de los plásticos en la sociedad? ¿Podrían sobrevivir ciertos sectores sin el plástico? Y, sobre todo, un mundo sin plásticos, ¿es posible? Estas y otras preguntas quedan abiertas después de la lectura de estas líneas, pero creo que este libro te da pistas sobre sus respuestas y, además, te permite conocer mejor este conjunto de macromoléculas que tanto han modulado nuestras vidas en el último siglo.

Este era mi objetivo, y espero haberlo logrado.

Antes de despedirme, quiero darte las gracias por haberme acompañado en este viaje. Tu interés y curiosidad son el motor que impulsa el esfuerzo de los divulgadores, como yo, para favorecer el entendimiento de temas tan complejos como el de los plásticos. Espero que este libro haya despertado en ti una nueva perspectiva y una mayor conciencia sobre el papel de los plásticos en nuestra vida cotidiana.

Finalmente, te invito a seguir leyendo, explorando, cuestionando y aprendiendo. La ciencia y el conocimiento son herramientas poderosas para seguir construyendo el mundo que nos rodea.

ANEXOS PARA SABER MÁS

LOS NOMBRES DE LOS PLÁSTICOS PROTAGONISTAS

En este libro, hemos hablado de diversos plásticos que son muy habituales en nuestro entorno, como el nailon, el polietileno, el polipropileno o el PVC. También hemos narrado historias fascinantes sobre otros plásticos como el celuloide y la baquelita, que, aunque ya no son tan habituales, tuvieron una gran importancia en sus inicios.

Muchas veces se habla indistintamente de los plásticos o de los polímeros. Pero ¿por qué se usan ambas palabras de manera intercambiable? ¿Cuál es la correcta? ¿Cuál es la diferencia?

En primer lugar, todos los plásticos son polímeros, pero no todos los polímeros son plásticos. Imagina un tren largo compuesto por muchos vagones. Este tren representaría un polímero, donde cada vagón sería un monómero. La unión entre vagones se realiza mediante enganches; en el caso del polímero, la unión entre monómeros se realiza mediante enlaces covalentes.

En términos más técnicos, un polímero es una macromolécula formada por estructuras más pequeñas unidas por monómeros. Estos monómeros consisten en una unidad básica, y al unirse con un número indeterminado de otras unidades, constituyen el polímero. La macromolécula define las características del compuesto polimérico, desde su estructura química hasta el tamaño e interacciones intermoleculares e intramoleculares.

No podemos entender los polímeros sin los estudios teóricos de Paul Flory. Uno de los personajes claves en la historia de los polímeros. Al principio de su carrera en DuPont, Paul Flory se dio cuenta de que cada molécula en un polímero es diferente en longitud de cadena. Esto llevó a la idea de que las propiedades de los polímeros sintéticos se entienden mejor como propiedades "promedio". Introdujo el concepto de *distribución de peso molecular* como una propiedad clave de los polímeros. Flory también desafió la creencia común de que la reactividad de los grupos terminales disminuye con el aumento del peso molecular. Argumentó que la reactividad depende más de la estructura local que del tamaño total de la molécula. Aunque las moléculas más grandes se mueven más lentamente, esto se compensa con un mayor tiempo de contacto entre los reactivos.

Flory hizo grandes contribuciones a la ciencia de los polímeros, como la teoría de Flory-Huggins, que explica cómo se comportan los polímeros en soluciones diluidas y cómo se mezclan. También desarrolló el parámetro de interacción de Flory para describir las interacciones entre polímeros y disolventes, y la temperatura Theta de Flory, que es una temperatura específica donde estas interacciones desaparecen. Además, creó la ecuación de Flory-Rehner para medir la hinchazón de polímeros reticulados y la distribución de Schulz-Flory para predecir la distribución de pesos moleculares.

Flory siempre destacó la importancia de la investigación básica. Creía que los grandes inventos no son solo cuestión de suerte, sino que requieren un conocimiento profundo y amplio. Según él, la investigación básica es crucial para avanzar en el conocimiento, afinar conceptos y fomentar innovaciones duraderas y defendió que no debería ser vista como algo secundario o prescindible en favor de objetivos de lucro.

Respecto a los polímeros más comunes son el polietileno (PE-LDPE/HDPE), el polipropileno (PP), el poliestireno (PS), el cloruro de polivinilo (PVC) y el polietileno tereftalato (PET). También son importantes otros polímeros como el poliuretano (PU), los poliésteres o el caucho. De todos ellos hablaremos en las siguientes páginas. A continuación, os compartimos la estructura de sus monómeros:

Como podemos observar en la imagen, el átomo de carbono (C) es un elemento común en todas las estructuras de los monómeros. También encontramos átomos de hidrógeno (H) y, en algunas estructuras, átomos de oxígeno (O). Todos estos átomos tienen un peso molecular bajo, lo que significa que son ligeros. Esta ligereza contribuye a una de las propiedades más importantes de los polímeros: su baja densidad y peso. En el caso del PVC, además de los átomos de carbono e hidrogeno, encontramos átomos de cloro (Cl), que son más pesados.

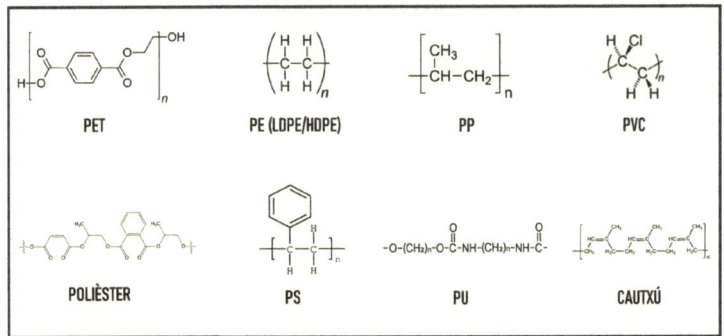

Figura 31. Monómeros de los principales polímeros. Imagen propia. Nota: en las estructuras en las que aparecen líneas, como la del PET, en los cruces de líneas hemos de situar carbonos, como en el resto de estructuras.

El proceso de producción de polímeros se denomina polimerización. Como veremos más adelante, existen diferentes tipos. Además, hay diversos grados de polimerización que nos permiten obtener polímeros con distintas dimensiones, propiedades y características.

Una propiedad clave de los polímeros es la temperatura de transición vítrea (Tg), que es la temperatura a la cual un polímero pasa de un estado rígido y vítreo a un estado más flexible y gomoso. Para ilustrarlo, por encima de la Tg, el plástico es viscoso y se vuelve maleable, como un *slime*, permitiendo moldearlo para darle la forma deseada. La Tg es crucial porque determina el rango de temperaturas en las que un polímero puede ser utilizado. Está relacionada con las propiedades mecánicas del polímero, como la resistencia a la tracción, la resistencia al impacto y el módulo de elasticidad. La Tg vendría a ser como la temperatura de fusión de los metales, aunque con diferencias significativas.

Como otros materiales, los polímeros también se pueden clasificar en función de diferentes parámetros, tal y como podemos ver en la imagen.

Figura 32. Clasificación de los polímeros en función de su fuente de origen, su estructura y las fuerzas moleculares que lo forman.

Es importante destacar que no todos los polímeros son plásticos. Los polímeros que sí son plásticos tienen la capacidad de ser moldeados; cuando se calientan, fluyen y, al enfriarse a temperatura ambiente, se solidifican. Esta propiedad les confiere sus características que se reflejan en el producto final. Por ejemplo, el de convertirse en una especie de "armaduras invisibles" cuando funcionan como envoltorios, protegiendo los productos de elementos externos, como la humedad y los contaminantes. Además, actúan como un "colchón protector", absorbiendo impactos y protegiendo elementos frágiles. En medicina, funcionan como "redes de pescadores", proporcionando una capa adicional de protección en aplicaciones médicas y de filtración. Por último, cubren y protegen superficies, como en los cables eléctricos, funcionando como "trajes aislantes".

Muchos materiales encontrados en la naturaleza son polímeros. De hecho, la estructura molecular básica de toda la vida vegetal y animal es similar a la de un polímero sintético. Los polímeros naturales incluyen materiales como el ADN, la seda, la goma laca, el caucho y la celulosa. Sin embargo, la mayoría de los polímeros o plásticos utilizados en el diseño de ingeniería son sintéticos y, a menudo, están formulados o "diseñados" específicamente para cumplir un propósito particular.

A continuación, profundizaremos en algunos de estos plásticos, explicando su composición, métodos de fabricación y algunos de sus usos más destacados. Comenzaremos con los seis plásticos más comunes, seleccionados a partir de los símbolos de reciclaje (figura 25):

1. PET: polietileno tereftalato
2. HDPE: polietileno de alta densidad
3. PVC: cloruro de polivinilo
4. LDPE: polietileno de baja densidad
5. PP: polipropileno
6. PS: poliestireno

Polietileno tereftalato (PET)

En 1978 Coca-Cola hizo historia una vez más al presentar al mundo la botella de plástico PET reciclable de dos litros.[183] Se hizo popular al instante: no se rompía, era resellable, ligera y reciclable. Aunque Coca-Cola no inventó el envase desechable de PET, mérito de Nathaniel Wyeth[184] de DuPont en 1947, sí lo masificó hasta alcanzar los 500 000 millones de unidades[185] producidas anualmente para todo tipo de embotellado.

Nathaniel Wyeth fue un visionario. El PET[186 187 188] ya se utilizaba en fibras y películas gracias a su resistencia y translucidez, pero él encontró una aplicación en el embotellado,

---

183. "The History of the Coca-Cola Contour Bottle". The Coca-Cola. En línea: <https://www.coca-colacompany.com/about-us/history/the-history-of-the-coca-cola-contour-bottle>.

184. "Nathaniel Wyeth. The Plastic Soda Bottle". Lemelson-MIT. En línea: <https://lemelson.mit.edu/resources/nathaniel-wyeth>.

185. "Datos sobre la producción de plásticos". Greenpeace. En línea: <https://es.greenpeace.org/es/trabajamos-en/consumismo/plasticos/datos-sobre-la-produccion-de-plasticos/>.

186. "Polyethylene Terephthalate", *Science Direct*. En línea: <https://www.sciencedirect.com/topics/earth-and-planetary-sciences/polyethylene-terephthalate>.

187. "Evolución de la producción mundial de plásticos", *Mundo Plast*, 4 de mayo de 2023. En línea: <https://mundoplast.com/produccion-mundial-plasticos-2021/>.

188. Roberto Nisticò "Polyethylene terephthalate (PET) in the packaging industry", *Science Direct*, octubre de 2020. En línea: <https://www.sciencedirect.com/science/article/abs/pii/S0142941820310333>.

creando una maravilla ligera, duradera y transparente, en contraste con las alternativas de vidrio más pesadas y frágiles de la época. Lo que seguramente no imaginó Nathaniel fueron las implicaciones duraderas en la cultura del consumidor global que tendría su invención.

En palabras del Dr. David Suzuki, divulgador científico y activista medioambiental canadiense: "La invención de la botella de plástico fue un gran avance, pero también ha traído consigo una serie de desafíos ambientales. Necesitamos encontrar formas de reducir nuestra dependencia de los plásticos de un solo uso y encontrar maneras más sostenibles de empaquetar nuestros productos".

PET
POLIETILENTEREFTALATO

El PET es un plástico de poliéster derivado del petróleo, obtenido mediante una reacción de policondensación entre el ácido tereftálico y el etilenglicol.

Figura 33. Para saber más del PET. Elaboración propia.

60%

RECICLAJE EN DATOS

35% de las botellas de PET se reciclan actualmente, con una proyección de 60% para 2030.

PETE 1

DEFINICIÓN

Matriz polimérica de monómeros de tereftalato de etileno con unidades alternantes de etilenglicol.

PROPIEDADES FÍSICAS

NIVEL CRISTALINIDAD   **0-60%**

- **Termoplástico amorfo y transparente:** Enfriamiento rápido.
- **Semicristalino:** Enfriamiento lento o estiramiento en frío.
- **Procesamiento:** Extrusión, inyección, inyección y soplado, soplado de preformas, termoconformado.

PROPIEDADES MECÁNICAS Y QUÍMICAS

- Alta transparencia y durabilidad.
- Resistencia: Desgaste, abrasión, calor, corrosión.
- Estabilidad dimensional y maleabilidad.
- Coeficiente de deslizamiento y resistencia química y térmica.
- Barreras: Excelente para líquidos y gases (CO_2, O_2, humedad).

APLICACIONES

- **Botellas:** Agua, refrescos, zumos, bebidas deportivas, enjuagues bucales, aceite de cocina.
- **Textiles:** Fibras artificiales para mantas, sábanas, edredones, alfombras, relleno de almohadas, acolchado de tapicería.

LAS BOTELLAS DE PET

El peso de una botella de PET de 1 litro diseñada para contener agua es de aproximadamente 25 g. En comparación, una botella de vino de 750 ml hecha de vidrio pesa aproximadamente 360 g, y una lata de aluminio de 500 ml típicamente utilizada para bebidas carbonatadas pesa aproximadamente 18 g.

ESTIMACIONES DEL MERCADO

7,7 %   **16 %**

- Mercado Europeo: 7.7% del mercado de polímeros.
- Industria del Embalaje: 16% del consumo de plástico en Europa

Polietileno de alta densidad (HDPE)

En 1930 Carl Shipp Marvel, un químico estadounidense que trabajaba en E.I. du Pont de Nemours & Company (actualmente DuPont Company), descubrió un nuevo material de alta densidad. Lamentablemente la empresa no reconoció el potencial del producto. Pasaron más de veinte años hasta que Karl Ziegler, del Instituto Max Planck, vio el potencial. En 1953, y junto con Erhard Holzkamp, Ziegler logró producir el polietileno de alta densidad lineal (HDPE) al catalizar la reacción a baja presión con un compuesto organometálico. El resto es historia.

Antes de adentrarnos en el polietileno de alta densidad (HDPE),[189] me gustaría aclarar algunos conceptos clave. El polietileno es el término general que se utiliza para referirse a todos los plásticos formados a partir del monómero (C2H4)n. Dentro de esta categoría, encontramos diferentes tipos, como el polietileno de alta densidad (HDPE), el de baja densidad (LDPE), el polietileno lineal de baja densidad (LLDPE) y el polietileno de peso molecular ultra alto (UHMWPE), entre otros.

---

189. "High Density Polyethylenes", *Science Direct*, 2023. En línea: <https://www.sciencedirect.com/topics/chemical-engineering/high-density-polyethylenes>.

HDPE
POLIETILENO DE ALTA DENSIDAD

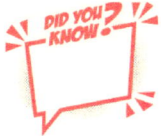
DID YOU KNOW?

Figura 34. Para saber más del HDPE. Elaboración propia.

El HDPE es una forma específica de polietileno, formulada para ser más densa, con una estructura de cadena más lineal y una mayor resistencia en comparación con otras variantes.

30%

RECICLAJE EN DATOS

Fácil de reciclar. Puede ser reciclado hasta 10 veces. Representa el 15-25% de los residuos plásticos. La tasa de reciclaje de un 30%

2 HDPE

DEFINICIÓN

Fabricado a partir de monómeros de etileno en forma gaseosa mezclados con catalizadores metálicos como el tetracloruro de titanio, el cloruro de dietilaluminio o el óxido de cromo sobre sílice.

PROPIEDADES

NIVEL CRISTALINIDAD **HASTA +90%**

- **Resistente** al agua, ácidos y ciertos disolventes.
- Bajo **coeficiente de fricción** y mínima absorción de humedad.
- Notable **resistencia y rigidez**.
- Alta **resistencia** al impacto, invulnerable a abolladuras y arañazos.
- **Resistente** al moho, hongos, pudrición, ácidos y bases minerales, así como a las inclemencias del clima.

APLICACIONES

- **Hogar:** Tuberías resistentes a la corrosión, tanques de combustible, contenedores de alimentos y bebidas, botellas, tazas, botellas de champú, tubos de ungüento, envases, envases de mantequilla, revestimientos de cajas de cereales, juguetes, mamilas, bolsas de embalaje y film.
- **Cuidado Personal:** Contenedores de productos de cuidado personal, cubos de basura, contenedores de reciclaje, bolsas de pan, contenedores de almacenamiento de alimentos, botellas de detergente para ropa, botellas de champú, jabón líquido y gel de baño, toallas sanitarias, recipientes de limpiadores domésticos, envases de aceite de motor, bolsas de plástico.
- **Industria:** Madera plástica reciclada y composites, equipos médicos, filamento para impresión 3D, componentes de embarcaciones, aisladores de cables coaxiales, tuberías de alcantarillado, componentes pirotécnicos.
- **Hospitalario:** Tubos médicos, películas, conectores, material de laboratorio, catéteres, bolsas intravenosas, mascarillas, carcasas de dispositivos, membranas, componentes de administración de medicamentos, embalajes.
- **Implantes Ortopédicos:** Polietileno de peso molecular ultra alto (UHMWPE) para reemplazos de rodilla o cadera.

PROCESAMIENTO Y RECICLABILIDAD

- Notable maleabilidad cuando se calienta, facilitando su procesamiento y reciclaje.
- Capacidad para ser esterilizado mediante ebullición y resistencia a albergar bacterias.

ESTIMACIONES DEL MERCADO

12,5 %

El mercado mundial del HDPE supera los 80 mil millones de euros y se aproxima al 12'5% del mercado total de los polímeros.

Cloruro de polivinilo (PVC)

La baquelita marcó el inicio de los plásticos sintéticos, pero el primer gran polímero que inició el *boom* plástico fue el PVC. Sintetizado accidentalmente por primera vez en 1926 por el químico Waldo Semon,[190] [191] en la década de 1930 ya comenzó a usarse en diversas industrias. Un par de décadas después, ya se producía de forma masiva. Hoy en día, se ha convertido en uno de los polímeros sintéticos más producidos y utilizados mundialmente. Sin duda alguna, su invención marcó el camino para todo lo que vendría después.

Desde sus orígenes se posicionó como uno de los polímeros más usados, pero también en uno de los polímeros más vilipendiados, sobre todo por la presencia de cloro, su toxicidad y los problemas derivados de su reciclaje.

Su futuro es incierto,[192] aunque desde 1980 ha estado en el punto de mira y, a pesar de eso, continúa siendo uno de los polímeros más usados. Su mochila carga con el peso que, en caso de incendio, el PVC sirve como precursor para la

---

190. Jose Varela (2015). "El inventor del policloruro de vinilo (PVC); Lonsbury Semon", *A Hombros de Gigantes. Ciencia y Tecnología*, 10 de septiembre. En línea: <https://ahombrosdegigantescienciaytecnologia.wordpress.com/2015/09/10/el-inventor-del-cloruro-de-polivinilo-pvc-lonsbury-semon/>.

191. "Polyvinyl Chloride", *Science Direct*. En línea: <https://www.sciencedirect.com/topics/earth-and-planetary-sciences/polyvinyl-chloride>.

192. Uwe Lahl; Bárbara Zeschmar-Lahl (2024). "More than 30 Years of PVC Recycling in Europe- A Critical Inventory", MDPI, 4 de mayo. En línea: <https://www.mdpi.com/2071-1050/16/9/3854>.

PVC
CLORURO DE POLIVINILO

El PVC es un polímero amorfo fabricado mediante la polimerización radicalaria por adición del monómero de cloruro de vinilo.

Figura 35. Para saber más del PVC. Elaboración propia.

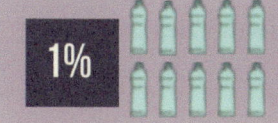

1%

RECICLAJE EN DATOS

Difícil de reciclar y no se puede reciclar al 100%. Se reciclaa menos del 1% del total postconsumo.

DEFINICIÓN

Capacidad para absorber grandes cantidades de líquidos orgánicos no volátiles, conocidos como plastificantes.

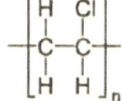

PROPIEDADES

NIVEL CRISTALINIDAD **0-20%**

- Puede ser rígido o flexible dependiendo de los plastificantes.
- Excelente resistencia a la abrasión, baja permeabilidad, resistencia al fuego, productos alcalinos, sales y solventes altamente polares.
- Resistente a la radiación UV, humedad y temperaturas extremas.
- Mecanizable, formable con calor, soldable y cementable con solventes.
- Alto dipolo y alta resistencia dieléctrica permiten unir productos recubiertos mediante técnicas de soldadura.

APLICACIONES

- **Hogar:** Envolturas de alimentos, tuberías de plomería, botellas de aceites para cocinar, envases de condimentos, paquetes de carnes y embutidos, film transparente, anillas de dentición, juguetes, cortinas de baño, botellas de detergente.
- **Automotriz:** Revestimientos internos, cubiertas protectoras de suelo, recubrimientos de cables eléctricos.
- **Construcción:** Resistencia a la intemperie, productos químicos y fuego.
- **Industria:** Aislantes de cables, piezas de equipos, tuberías, materiales laminados, fibras.
- **Prendas y Bolsas:** Prendas impermeables, ropa industrial resistente a aceites, grasas y productos químicos, bolsas duraderas.

PROBLEMAS CON EL PVC

Es el plástico más controvertido, genera impactos ambientales negativos durante su producción, uso y disposición. Algunos ADITIVOS como los FTALATOS o ls DIOXINAS usados en su producción pueden causar problemas para la salud humana.

ESTIMACIONES DEL MERCADO

13 %

Es el tercer plástico más consumido, sólo por detrás del Polipropileno y elPolietileno de baja densidd.

formación de sustancias tóxicas como las dioxinas, y sus residuos son peligrosos. Además, interfiere con la eliminación de residuos (cloro y aditivos tóxicos) y no es sostenible debido a aditivos problemáticos como metales pesados o ftalatos o su baja reciclabilidad.

Polietileno de baja densidad (LDPE)

Es curioso como la serendipia ha acompañado a muchos de los principales plásticos de la historia. El polietileno es un ejemplo. Desde su descubrimiento accidental en 1933, se ha convertido en el polímero más producido a nivel mundial, con más de 90 millones de toneladas métricas anuales. El primer producto comercializado fue el polietileno de baja densidad (LDPE), creado mediante polimerización por radicales libres.

La producción del polietileno de baja densidad (LDPE) se realizaba inicialmente en reactores tubulares o de autoclave a alta presión (hasta 3 000 atm) y temperatura (hasta 200 ºC). En la década de 1970,[193] surgió una tecnología que permitía trabajar a baja presión y temperatura, cerca de 100 °C, estableciéndose rápidamente como una ruta de bajo costo para la producción de polietileno con muchas ventajas en cuanto a proceso y propiedades[194] sobre el LDPE convencional de alta presión. Esto fue posible gracias al uso de catalizadores de metales de transición.

Durante los últimos noventa años, el LDPE ha sido el polímero de polietileno más fácil de procesar. La industria polimérica se tiene que transformar hacia una visión más sostenible. Uno de los polímeros que mejor se adaptará, sin duda alguna, será el LDPE.

---

193. Nicholas P. Cheremisinoff (2001). "Condensed Encyclopedia of Polymer Engineering Terms", *Science Direct*. En línea: <https://www.sciencedirect.com/science/article/abs/pii/B9780080502823500172>.

194. "Low Density Poly-Ethylene", *Science Direct*, 2011. En línea: <https://www.sciencedirect.com/topics/engineering/low-density-poly-ethylene>.

LDPE
POLIETILENO DE BAJA DENSIDAD

El LDPE es un tipo de termoplástico muy valorado en el mercado, ocupando la segunda posición de los polímeros más usados, sólo por detrás del polipropileno.

Figura 36. Para saber más del LDPE. Elaboración propia.

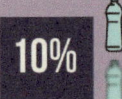 

10%

RECICLAJE EN DATOS

El LDPE reciclado (menos del 10%) puede transformarse en una variedad de nuevos productos. 100% RECICLABLE.

4 LDPE

DEFINICIÓN

Pertenece a la familia de los polietilenos, cuyo monómero principal es el etileno, con una densidad que varía entre 0.91 y 0.94 g/cm³.

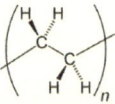

PROPIEDADES

NIVEL CRISTALINIDAD **0-45%**

- Bajo **punto de fusión** y baja **temperatura de transición vítrea**.
- **Resistencia** a la corrosión y la humedad, flexibilidad, durabilidad y bajo costo.
- Notable **resistencia y dureza**, no se descompone cuando se expone a productos químicos diluidos o concentrados.
- Considerado uno de los **plásticos más inofensivos**, aunque libera formaldehído cuando se calienta y descompone.

APLICACIONES

- **Fabricación de Películas y Láminas:** Flexibilidad y transparencia.
- **Contenedores de Líquidos:** Envolturas adhesivas y películas, bolsas para comestibles o alimentos, bolsas reutilizables.
- **Industria Médica:** Jeringas, catéteres, implantes articulares, tubos médicos.
- **Construcción:** Tuberías, láminas, materiales de aislamiento.
- **Artículos Cotidianos:** Juguetes, artículos para el hogar, utensilios de cocina.
- **Industria Automotriz:** Parachoques, tanques de combustible, adornos interiores, aislamiento eléctrico.
- **Agricultura:** Películas agrícolas para cubrir cultivos.
- **Textiles:** Cuerdas, redes, telas.

PRODUCCIÓN Y PROCESAMIENTO

- **Producción Inicial:** Reactores tubulares o de autoclave a alta presión y temperatura.
- **Tecnología Moderna:** Baja presión y temperatura, uso de catalizadores de metales de transición.
- **Maleabilidad:** Altamente maleable, puede fundirse y remodelarse numerosas veces sin perder sus propiedades.

ESTIMACIONES DEL MERCADO

14 %

Es el segundo plástico más consumido, sólo por detrás del polipropileno.

Polipropileno (PP)

El polipropileno se ha consolidado como un material especial en el mundo de los plásticos. En 2021 alcanzó el título de plástico más utilizado a nivel internacional, representando cerca del 20 % de la producción global (figura 39). Le siguen, a cierta distancia, el polietileno de baja densidad con el 14 % y el PVC con un 13 %. Este logro es aún más notable si consideramos que, en 1950, el PP era simplemente un subproducto del etileno, obtenido del destilado ligero del petróleo crudo.

Existen tres tipos de polipropileno según las condiciones de polimerización: isotáctico, el sindiotáctico y el atáctico (explicación ampliada en página 258).

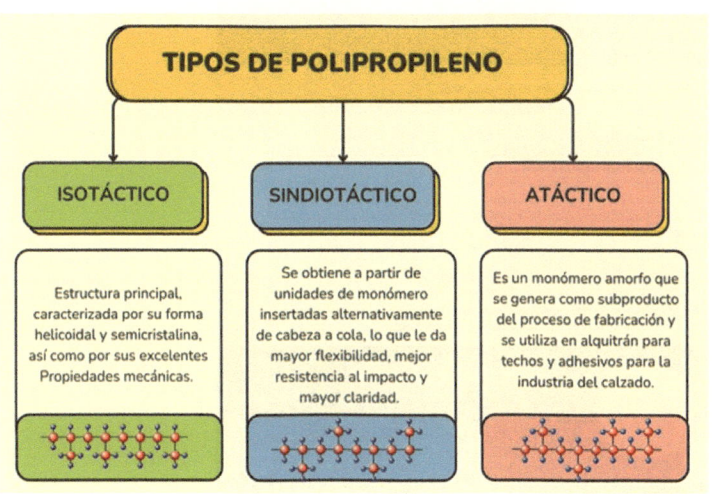

Figura 37. Polipropileno isotáctico, sindiotáctico y atactico. Fuente: Wikipedia (https://es.wikipedia.org/wiki/Polipropileno)

PP
POLIPROPILENO

DID YOU KNOW?

Termoplástico singular obtenido mediante procesos de suspensión, solución o fase gaseosa, en los cuales el monómero de propileno se somete a calor y presión en presencia de catalizadores tipo Ziegler-Natta o metalocénicos.

Figura 38. Para saber más del PP. Elaboración propia.

15%

RECICLAJE EN DATOS

En Europa se recicla un 15% del HDPE. Se estima que en geeral, se reciclan más del 30% de las botellas hechas con HDPE.

5 PP

DEFINICIÓN

Sus moléculas pueden estar formadas por entre 50,000 y 200,000 monómeros.

PROPIEDADES

NIVEL CRISTALINIDAD — **HASTA 85%**

- **Resistencia**: Alta resistencia a la permeabilidad de gases y agua, resistencia al fuego y a la fatiga.
- **Propiedades Mecánicas:** Alta resistencia química frente a la mayoria de los solventes orgánicos, excepto los agentes oxidantes muy fuertes.
- **Densidad:** 0.9 g/cm³.
- **Temperatura de Fusión:** 160-170°C.

APLICACIONES

- **Industria Automotriz:** Carcasas de baterías, bandejas y portavasos, parachoques, detalles interiores, paneles de instrumentos, molduras de puertas.
- **Envases y Almacenamiento:** Envases opacos para agua, almacenamiento de alimentos (pan, cereales), productos médicos, refrigeración, envases de yogur, botellas de jarabes, copas de crema de helado, pajitas, botellas de kétchup, vajillas plásticas, bolsas de microondas, envases para refrigeración, pañales desechables, fiambreras.
- **Aislamiento:** Carcasas de plástico para productos eléctricos y cables, sector marino.
- **Fibra:** Bolsas de mano, cuerdas, cordeles, cintas, alfombras, tapicería, ropa, equipos de camping.
- **Sector Médico:** Jeringas, viales médicos, placas de Petri, contenedores de píldoras, botellas de muestras, aplicaciones ortopédicas.

PROBLEMAS CON EL PVC

- Existen tres tipos de polipropileno según las condiciones de polimerización: isotáctico, el sindiotáctico y el atáctico.
- No muestra problemas para la salud.

ESTIMACIONES DEL MERCADO

20 %

Es el plástico más connsumido gracias a su flexibilidad, durabilidad, bajo costo y ligereza. Ideal para numerosos usos industriales, comerciales, médicos y personales.

Poliestireno (PS)

Entre los seis polímeros que hemos presentado, el poliestireno[195] es, sin duda, el que genera más sentimientos encontrados. Por un lado, es un plástico ampliamente utilizado en materiales de un solo uso (por ejemplo, como PS expandido),[196] aunque su proliferación en las últimas décadas ha suscitado gran controversia. Por otro lado, su monómero, el estireno, se ha demostrado que es tóxico. A pesar de esto, el poliestireno domina más del 5 % del mercado mundial de plásticos.

---

195. "Polystyrene", *Science Direct*, 2016. En línea: <https://www.sciencedirect.com/topics/materials-science/polystyrene>.

196. "Poliestireno expandido: usos, propiedades y ventajas". Knauf Industries, 7 de noviembre de 2024. En línea: <https://knauf-industries.es/poliestireno-expandido-que-es-y-como-se-hace/>.

PS
POLIESTIRENO

Polímero termoplástico aromático basado en el estireno, también conocido como vinilbenceno.

Figura 39. Para saber más del PS. Elaboración propia.

RECICLAJE EN DATOS

12%

- Desafíos en reciclabilidad.
- Economía Circular: Uso de espuma de poliestireno para reducir material, buen aislante.
- Reciclado químico, disolución, pirólisis, gasificación.

6 PS

DEFINICIÓN

Se obtiene mediante métodos sintéticos y puede polimerizarse mediante casi todos los mecanismos conocidos.

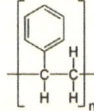

PROPIEDADES

NIVEL CRISTALINIDAD

AMORFO

- **Costo:** Bajo costo.
- **Transparencia:** Alta transparencia óptica.
- **Inercia:** Inercia frente a la mayoría de los reactivos.
- **Biocompatibilidad:** Alta biocompatibilidad.
- **Rigidez y Brillo:** Transparencia, rigidez, brillo y resistencia a los arañazos.

APLICACIONES

- **Uso General:** Cucharas, tenedores, platos y vasos desechables, juguetes, bandejas de carnes, cajas de huevos, cajas de discos compactos, botellas de agua, envases de foam.
- **Embalaje:** Material de embalaje para aplicaciones alimentarias y no alimentarias.
- **Sector Eléctrico/Electrónico:** Carcasas en el sector eléctrico/electrónico y de comunicaciones.
- **Construcción:** Aislamiento en la construcción y revestimientos en la industria de la refrigeración.
- **Material Médico:** Material médico desechable, cultivos celulares y biología molecular (placas de Petri, viales de muestras, microplacas).

DIFERENTES FORMAS

- La fabricación de poliestireno se basa en un proceso de suspensión si el material va a ser espumado (EPS) o en un proceso de polimerización a granel para el poliestireno estándar (GPPS) y el poliestireno modificado por impacto (IPS).
- Una variante muy utilizada del poliestireno es el poliestireno expandible (EPS).Para su aplicación, las perlas se pre-expanden con vapor y se envejecen.

ESTIMACIONES DEL MERCADO

5 %

La despolimerización y su posterior uso en nuevos productos tiene unas excelentes perspectivas futuras.

Junto al PS, los otros cinco plásticos que os hemos presentado representan aproximadamente el 70% del mercado, aunque no son los únicos. Existen miles de plásticos en el mercado, cada uno con sus propias características y aplicaciones, esperando ser descubiertos y utilizados.

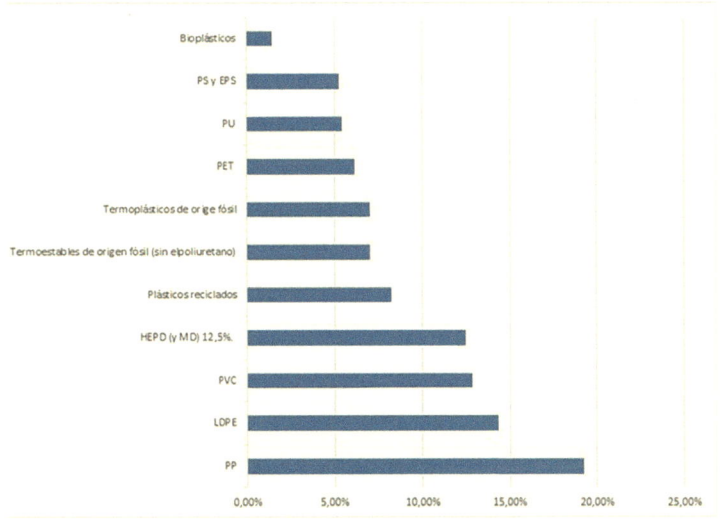

Figura 40. Porcentaje de mercado de los principales plásticos. Elaboración propia.

Como complemento a los seis plásticos principales, os quiero presentar otros que creo que son importantes, ya sea por su peso en el mercado, como el poliuretano, o por su importancia pasada, presente o futura, como el celuloide, la baquelita, el nailon o el caucho.

Poliuretano (PU)

Después de haber analizado los principales termoplásticos, es el turno de la familia que domina los plásticos termoestables, los poliuretanos. Comúnmente abreviado como PUR y PU, es conocido por su amplia aplicación en diversas industrias y ofrece excelentes propiedades como resistencia, durabilidad, flexibilidad y estabilidad térmica. Puede presentarse en forma de espumas suaves y flexibles o como material rígido y duro.

El poliuretano[197] es un material que combina polioles e isocianatos a través de una reacción química, y sus propiedades pueden ajustarse modificando la composición y formulación de estos componentes. Los tipos específicos de polioles y diisocianatos utilizados, sus proporciones y otros aditivos pueden variar para producir diferentes formas de poliuretano con distintas propiedades. Los polioles contienen múltiples grupos hidroxilo (OH), mientras que los diisocianatos contienen dos grupos funcionales isocianato (NCO). La reacción entre polioles y diisocianatos forma cadenas poliméricas con enlaces de uretano repetidos, formando así el poliuretano.

---

197. "Polyurethane", *Science Direct*, 2019. En línea: <https://www.sciencedirect.com/topics/materials-science/polyurethane>.

PU
POLIURETANO

El poliuretano es un polímero termofijo elastómero versátil, conocido por su amplia aplicación en diversas industrias y sus excelentes propiedades como resistencia, durabilidad, flexibilidad y estabilidad térmica.

Figura 41. Para saber más del PU. Elaboración propia.

10%

RECICLAJE EN DATOS

- Tanto el poliuretano como la espuma de poliuretano se reciclan.
- Entre el 5 y el 10% del poliuretano usado en construcción se recicla.
- Se suele reciclar por reciclaje químico.

DEFINICIÓN

Combina polioles e isocianatos a través de una reacción química. Los polioles contienen múltiples grupos hidroxilo (OH), mientras que los diisocianatos contienen dos grupos funcionales isocianato (NCO).

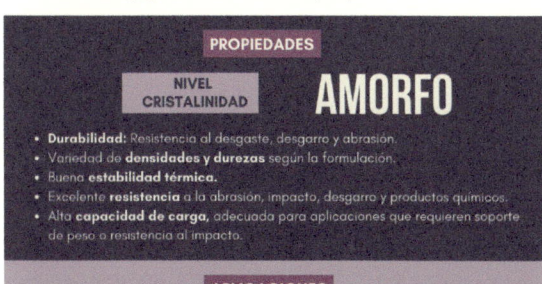

PROPIEDADES

NIVEL CRISTALINIDAD

AMORFO

- **Durabilidad:** Resistencia al desgaste, desgarro y abrasión.
- Variedad de **densidades y durezas** según la formulación.
- Buena **estabilidad térmica.**
- Excelente **resistencia** a la abrasión, impacto, desgarro y productos químicos.
- Alta **capacidad de carga,** adecuada para aplicaciones que requieren soporte de peso o resistencia al impacto.

APLICACIONES

- **Automotriz:** Componentes automotrices, piezas industriales, materiales elastoméricos.
- **Adhesivos:** Ensamblaje automotriz, carpintería, industria del calzado, construcción.
- **Aislamiento Térmico:** Espuma rígida para paneles de aislamiento, aplicaciones de refrigeración.
- **Resistencia Química:** Juntas, sellos, recubrimientos.
- **Construcción:** Paredes, techos y pisos aislados, aplicaciones de refrigeración y almacenamiento en frío.

DIFERENTES FORMAS

- Además de los polioles y diisocianatos, varios aditivos como catalizadores, agentes espumantes, retardantes de llama y rellenos pueden incorporarse en las formulaciones de poliuretano
- La espuma de poliuretano, especialmente la espuma rígida, ofrece excelentes propiedades de aislamiento térmico.

ESTIMACIONES DEL MERCADO

5,5 %

El mercado mundial de poliuretano alcanza aproximadamente los 100 mil millones de euros. Con una previsión que supere los 150 mil millones en el 2030.

Jordi Díaz Marcos [243]

POLÍMEROS HISTÓRICOS

E s el turno de dos polímeros históricos que ampliamente hemos analizado en la primera parte del libro. En este caso no nos extenderemos ni en sus propiedades ni en sus aplicaciones, ya que las podéis encontrar en la primera parte.

• CELULOIDE

Los celuloides son polímeros semisintéticos producidos mediante la mezcla de nitrocelulosa, un polímero compuesto por moléculas de azúcar, que proporciona la base polimérica y alcanfor que actúa como plastificante, aportando flexibilidad y manejabilidad. Se acompaña de colorantes y otros agentes. El celuloide se crea modificando químicamente la molécula de celulosa con ácido nítrico fuerte y añadiendo otros ácidos, como ácido sulfúrico, plastificantes y agua.

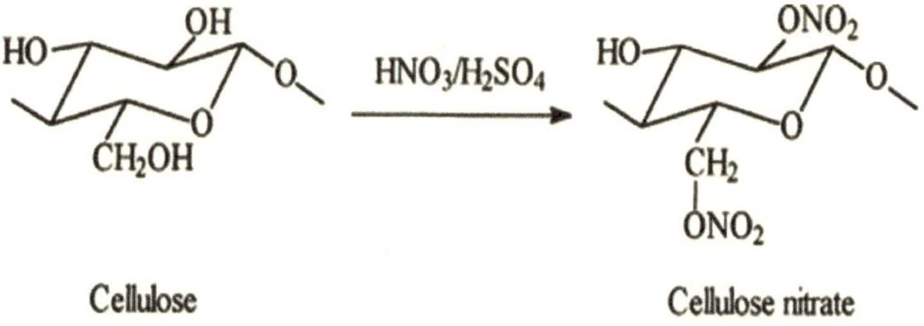

HO—[...]—OH, CH₂OH   HNO₃/H₂SO₄ →   HO—[...]—ONO₂, CH₂—ONO₂

Cellulose   Cellulose nitrate

Figura 42. Estructura química de la celulosa y el nitrato de celulosa. Fuente: "Cellulose: Chemistry and Technology" (https://www.sciencedirect.com/science/article/abs/pii/B0080431526001923)

• BAQUELITA

La baquelita, el primer plástico sintético desarrollado por el hombre, es un material termoestable obtenido por la reacción de polimerización del fenol y el formaldehído en presencia de un catalizador ácido y básico. La fórmula química de la baquelita puede escribirse como $(C_6–H_6–O–CH_2–OH)_n$. Su preparación implica varios pasos:

• NAILON

El nailon[198] ha sido uno de los protagonistas de este libro, incluso da nombre a un conflicto generado por una de las

---

198. "Nylon Polymer", *Science Direct*. En línea: <https://www.sciencedirect.com/topics/chemical-engineering/nylon-polymer>.

PREPARACIÓN DE LA BAQUELITA

Definición

La baquelita es un polímero termoestable obtenido a partir de la reacción de condensación entre fenol y formaldehído. Estructura reticulada.

1. Mezcla inicial

Reactivos: Fenol y formaldehído en proporciones adecuadas.
Condiciones: Control de temperatura y pH.

2. Reacción de Condensación

Condiciones Ácidas: Fenol en exceso, medio ácido, producto: Novolac.
Condiciones Básicas: Formaldehído en exceso, medio básico, prod. Resol.

3. Formación de Novolac o Resol

Novolac: Se reticula en presencia de un agente de reticulación (fenol en exceso) para formar la baquelita.
Resol: Se utiliza directamente para formar la baquelita.

4. Moldeo y curado

Moldeo: La baquelita se moldea en la forma deseada.
Curado: Se cura para obtener el producto final.

Catalizadores Utilizados: (a) Cloruro de Zinc ($ZnCl_2$), (b) Ácido Clorhídrico (HCl) y (c) Amoníaco (NH_3).

Figura 43. Estructura química de la baquelita. Fuente: "Bakelite: Structure and Uses" (https://byjus.com/chemistry/bakelite-structure-properties-application/) y elaboración propia.

prendas más icónicas asociadas a este material: las medias. Cuando nos referimos al nailon, no estamos hablando de un material concreto, sino de una familia de polímeros sintéticos basados en las poliamidas, que tienen unidades repetitivas unidas por enlaces amida (-N-C=O).

Es un material termoplástico con una textura similar a la seda y puede procesarse mediante fusión para producir fibras, películas o diversas formas. Al incorporar diferentes aditivos, los polímeros de nailon pueden exhibir una amplia gama de propiedades. Destaca su brillo, elasticidad, resistencia al daño, a la temperatura, a la fricción y a la humedad, su resiliencia y capacidad de secado rápido.

Existen varios tipos comunes de nailon, cada uno con propiedades y aplicaciones únicas. Algunos de los principales ejemplos son: nailon 66, nailon 6, nailon 6/10, nailon 4/6, nailon 6/9, nailon 6/12, nailon 11 y nailon 12.

Su numeración, como por ejemplo es el caso del nailon 6 o nailon 66, se refiere a la estructura química del polímero y a la cantidad de átomos de carbono en las unidades repetitivas de la cadena polimérica. En el caso del nailon 6, se observa una sola unidad monomérica llamada caprolactama, que contiene 6 átomos de carbono. La estructura repetitiva de nailon 6 es $(-[NH-(CH2)5-CO]-)$. En cambio, en el nailon 66, tenemos dos monómeros diferentes: hexametilendiamina y ácido adípico, cada uno de los cuales contiene 6 átomos de carbono. La estructura repetitiva de nailon 66 es $(-[NH-(CH2)6-NH-CO-(CH2)4-CO]-)$.

La numeración ayuda a identificar las propiedades específicas del tipo de nailon, como su resistencia, durabilidad, punto de fusión y aplicaciones adecuadas. Por ejemplo, el nailon 66 tiende a tener una mayor resistencia a las altas temperaturas y al desgaste en comparación con el nailon 6, debido a su estructura más rígida y estable.

El nailon, como ya vimos en la primera parte del libro, tiene muchos usos: destaca el uso militar, como ya os mencionamos, y su uso médico, gracias a su buena resistencia química y la posibilidad de sobrellevar un proceso de esterilización. Es ideal para catéteres, vendajes, camas de hospital, andadores y jeringas. Además, sobresale en la industria textil, donde se utiliza ampliamente en varios tipos de fibras, incluyendo ropa, pisos y refuerzo de caucho.

El nailon podría ser el tema de un capítulo entero o incluso un libro completo. Sin embargo, con esta breve introducción, espero haber despertado vuestra curiosidad y haber dejado en vosotros el deseo de aprender más sobre las poliamidas.

• CAUCHO

Desde que en 1736 Charles Marie de La Condamine[199] presentó una muestra de caucho natural a la Académie Royale

---

199. "La historia del caucho". CAELCA En línea: <https://caelca.com.co/blog/historia-del-caucho/?srsltid=AfmBOorH0qCuryeBxyjfUCvdz7t_AquS_VYDtbCHWMD6aRfhEawxTMIm>.

des Sciences de Francia, este material se ha convertido en uno de los polímeros más usados y conocidos. Después de casi tres siglos de este hito, hablar de caucho de forma resumida resulta complicado. De todos modos, os daré cuatro pinceladas para que lo conozcáis un poco mejor.

Los cauchos[200] son compuestos poliméricos clasificados como elastómeros, lo que significa que tienen una gran viscoelasticidad.[201] Esta propiedad se deriva de su estructura, caracterizada por largas cadenas poliméricas de isopreno unidas por enlaces covalentes, lo que permite una distribución uniforme del estrés aplicado (fuerza exterior) y el retorno a la forma original cuando se elimina la fuerza exterior.

Se pueden clasificar de forma genérica entre caucho natural y caucho sintético. El caucho natural es un polímero de isopreno, con algunas otras impurezas orgánicas y agua, extraído de árboles de caucho (*Hevea brasiliensis*, que es el árbol del caucho de Pará; *Landolphia*, el árbol del caucho del Congo, y *Palaquium gutta*, que da el caucho gutapercha, entre otros). El primer caucho sintético data de 1879, gracias a Gustave Bouchardat.[202]

Una clasificación más común para los cauchos los diferencia entre cauchos insaturados y saturados. Esta clasifica-

---

200. "Rubber", *Science Direct*, 2022. En línea: <https://www.sciencedirect.com/topics/materials-science/rubber>.

201. Presenta tanto propiedades viscosas como elásticas.

202. "Caucho sintético", *Wikipedia*. En línea: <https://es.wikipedia.org/wiki/Caucho_sint%C3%A9tico>.

Figura 44. Componentes principales del caucho. Elaboración propia.

ción se basa en la posibilidad de aplicar vulcanización. La vulcanización es un proceso mediante el cual se calienta el caucho crudo en presencia de azufre y otros aceleradores (como acetoxisilano, peróxidos, uretano, óxidos metálicos) para volverlo más duro y resistente al frío. Estos agentes de reticulación forman puentes entre las cadenas moleculares del polímero, mejorando las propiedades mecánicas del material resultante.

En general, para ser utilizados en la aplicación final, los productos de caucho contienen los siguientes componentes:

APLICACIONES
del CAUCHO

Medicina

Muchos dispositivos médicos están hechos de caucho y mezclas de caucho, incluyendo látex, poliisopreno, caucho de silicona, fluoroelastómeros y etileno-propileno. Algunos ejemplos de productos médicos incluyen: Sellos para aparatos médicos, juntas tóricas para dializadores, sellos de bombas médicas, componentes intravenosos o dispositivos de alimentación.

Si el producto interactúa con tejidos o fluidos biológicos, debe cumplir con requisitos de biocompatibilidad, resistencia a la temperatura, estabilidad química, propiedades mecánicas y eléctricas. El caucho de silicona es el más utilizado en dispositivos médicos debido a su hemocompatibilidad y carácter inerte.

Embalaje

Se aplica tanto en alimentación como en el campo de los materiales, gracias a sus propiedades de repelencia al agua y al aceite; permeabilidad al gas; e insolubilidad en agua, aceites minerales o alcohol.

Aeroespacial

En la industria aeroespacial, el caucho se utiliza por ser ligero, con altas relaciones de resistencia/peso y rigidez/peso, altamente fiable y duradero, resistente a la corrosión, degradación, radiación, altas temperaturas y fricciones y capaz de asegurar el rendimiento aerodinámico y operar en todas las condiciones climáticas.

Militar

En el ámbito militar, el caucho se utiliza en juntas, aislantes y sellos, monturas de vibración, perfiles de sellado, aislantes acústicos y térmicos del compartimiento del motor, juntas de ventanas moldeadas y empalmadas para vehículos de defensa, protección contra impactos de balas o artillería o materiales retardantes de fuego.

El caucho es resistente a agentes de guerra química, procedimientos de descontaminación, gasolina, temperaturas extremas y diferentes presiones.

Neumáticos

Uno de los usos más comunes del caucho es en la industria de los neumáticos. El proceso de vulcanización, que implica el entrecruzamiento de azufre, proporciona propiedades como elasticidad, insolubilidad, infusibilidad, resistencia a la biodegradación, a la descomposición fotoquímica, a la degradación por sustancias químicas y a altas temperaturas

Figura 45. Principales aplicaciones del caucho. Elaboración propia.

Existen muchos tipos de cauchos, aunque destacan los siguientes:

• Cauchos de uso general: (a) caucho natural (nr), (b) caucho de estireno-butadieno (sbr) y (c) caucho de butadieno.

• Cauchos especiales: (a) caucho de etileno-propileno-dieno, (b) caucho de cloropreno (CR), (c) polietileno clorosulfonado, (d) caucho de nitrilo-butadieno y su forma hidrogenada, (e) cauchos acrílicos, (f) silicona, (g) poliéter y (h) fluoroelastómeros.

Por último, es un material que se suele usar reciclado, sobre todo proveniente de neumáticos desechados. Solo en España se estima que se recogen a diario alrededor de 800 toneladas de neumáticos que no se volverán a usar. A nivel anual, la cifra oscila en torno a las 200 000 toneladas.[203] El reciclaje de neumáticos, por tanto, es de gran importancia y un gran ejemplo de economía circular.

FABRICANDO POLÍMEROS

Cada año se producen 500 000 millones de botellas de plástico; solo es uno de los muchos productos plásticos fabricados a partir de los más de 400 millones de toneladas que se producen anualmente. Una botella de plástico se suele

---

203. "El reciclaje de neumáticos potencia la economía circular". Aquae Fundación (actualizado 28 de abril de 2021. En línea: <https://www.fundacionaquae.org/wiki/reciclaje-neumaticos-potencia-economia-circular/>.

TRANSFORMACIÓN DE POLÍMEROS

TERMOPLÁSTICOS VS TERMOESTABLES

PROCESO DE TRANSFORMACIÓN

TERMOPLÁSTICOS

1. **Forma Inicial:** Resinas en forma de pellets.
2. **Calentamiento:** Se calientan por encima de la temperatura de transición vítrea (Tg) y/o de fusión (Tm).
3. **Ablandamiento y Flujo:** Los pellets se ablandan y fluyen como fluidos viscosos.
4. **Conformado:** Se moldean en la forma deseada.
5. **Enfriamiento Rápido:** Solidificación rápida que desarrolla microestructuras específicas.

TERMOESTABLES

1. **Forma Inicial:** Líquidos de baja viscosidad o sólidos de bajo peso molecular.
2. **Formulación:** Mezclados con agentes de entrecruzamiento y aditivos.
3. **Calentamiento:** Se licúan al calentarse.
4. **Solidificación Continua:** Se solidifican con el enfriamiento continuo.
5. **Entrecruzamiento Permanente:** Forman productos infusibles e insolubles.

CARACTERÍSTICAS FINALES

TERMOPLÁSTICOS

Diferentes grados de cristalinidad y orientación molecular.

Reprocesamiento: Pueden ser rehechos mediante calentamiento.

TERMOESTABLES

Retienen su forma durante ciclos de enfriamiento y calentamiento.

COMPARACIÓN DE PROCESOS

CALOR ESPECÍFICO	**CALOR ESPECÍFICO**
Alto	Alto
CONDUCTIVIDAD TÉRMICA	**CONDUCTIVIDAD TÉRMICA**
Baja	Baja
REPROCESAMIENTO	**REPROCESAMIENTO**
Posible	No posible

CONCLUSIÓN

IMPORTANCIA DE LA FORMA INICIAL
Gránulos o polvos finamente divididos para un procesamiento adecuado.

APLICACIONES
Varían según las propiedades finales deseadas.

Figura 46. Transformación de polímeros. Elaboración propia.

fabricar mediante moldeo por inyección, uno de los muchos métodos que existen para fabricar un plástico. Todos estos métodos comparten tres pasos comunes: obtener un flujo del polímero inicial, conformarlo y solidificarlo en la forma final.

Para lograr el flujo podemos calentar el polímero o someterlo a presión. Es necesario porque permite que las cadenas moleculares se deslicen unas sobre otras para formar una nueva forma. Una vez tenemos el polímero en flujo, se puede conformar mediante moldes, matrices u otras formas mecanizadas con las tolerancias correctas. Por último, la pieza final se solidifica. Si es un termoplástico, esto ocurre a una temperatura por debajo de la cual el material deja de fluir. Si es un termoestable, la solidificación se produce mediante el entrecruzamiento de las cadenas moleculares.

Las principales técnicas de procesamiento de polímeros[204] [205] [206] [207], que nos permiten convertir materiales poliméricos en bruto en productos terminados con la forma, microestructura y propiedades deseadas, son el moldeo, la extru-

---

204. "What are the manufacturing processes for plastics?". D W Plastics. En línea: <https://www.dwplastics.co.uk/manufacturing-processes-for-plastics/>.

205. "What Are the Plastics. Manufacturing Processes?". FOW Mould. En línea: <https://www.immould.com/plastics-manufacturing-processes-explained/>.

206. "Custom Plastic Injection Molding Factory in China". FOW Mould. En línea: <https://waykenrm.com/blogs/plastic-manufacturing-process/>.

207. Nalini. "Different Plastic Manufacturing Techniques: Choose the Right Technique!". Deskera. En línea: <https://www.deskera.com/blog/different-plastic-manufacturing-techniques-advantages-disadvantages/>.

sión, el moldeo por soplado, el termoformado, el moldeo rotacional y la fabricación de compuestos. Todos estos métodos utilizan diferentes estrategias para llevar a cabo los tres pasos mencionados anteriormente.

Uno de los métodos de fabricación más comunes en la fabricación de termoplásticos es el moldeo por inyección, utilizado, como ya hemos comentado, para fabricar botellas. En este proceso, se produce y acumula el fundido del polímero a partir del pellet. A continuación, un volumen controlado del fundido se dirige hacia una cavidad situada entre las dos placas del molde. Finalmente, el fundido en la cavidad del molde se enfría por debajo de su temperatura de distorsión térmica y se extrae la pieza moldeada terminada.

A continuación, se presentan los principales tipos de polimerización:

Figura 47. Principales métodos de polimerización. Elaboración propia.

Estos métodos no son los únicos pasos en el procesamiento de polímeros. En algunas ocasiones es necesaria una síntesis estereoquímicamente[208] controlada, por ejemplo, sin ramificaciones. Esto se logra con catalizadores, en concreto con catalizadores Ziegler-Natta los cuales permitieron por primera vez la obtención de polipropileno de distintas formas (isotácticos, sindiotácticos o atácticos) el siglo pasado, tal y como os explicamos en la primera parte del libro.

Así, cuando el propileno polimeriza, forma un nuevo centro quiral (cualquier cosa que no pueda superponerse sobre su propia imagen especular) en cada posición donde un grupo metilo se ramifica desde su columna vertebral. El término para describir cómo se ramifica esta columna vertebral se denomina tacticidad. Si no hay una relación aparente entre la proyección (o dirección) de los grupos metilo a lo largo de la columna vertebral, el polímero se denomina atáctico. Si los grupos metilo se alternan, apuntando primero en una dirección y luego en la otra a lo largo de la cadena, el polímero se denomina sindiotáctico. Si los grupos metilo proyectan todos en la misma dirección, el polímero se describe como isotáctico (véase figura 37).

En el caso del etileno, estos catalizadores nos permiten obtener un polímero más fuerte (más cristalino) y más resistente al calor, el polietileno de alta densidad (HDPE), en comparación con las polimerizaciones radicales típicas que producen polietileno de baja densidad (LDPE). El

---

208. Estereoquímica: estudio de la disposición espacial de los átomos en las moléculas y de sus efectos en las propiedades de estas.

HDPE normalmente se produce con pesos moleculares en el rango de 200 000 a 500 000 monómeros, pero puede fabricarse incluso en rangos más altos. El polietileno con pesos moleculares de 3 a 6 millones se denomina polietileno de ultra alto peso molecular (UHMWPE), con una resistencia similar a la del Kevlar.

Los catalizadores Ziegler-Natta se preparan reaccionando ciertos haluros de metales de transición con reactivos organometálicos como alquilaluminio, litio y zinc. El catalizador formado por la reacción de trietilaluminio con tetracloruro de titanio es comúnmente utilizado.

En la tabla adjunta (tabla 2), se explican los principales métodos de fabricación con sus características y ejemplos de producto final:

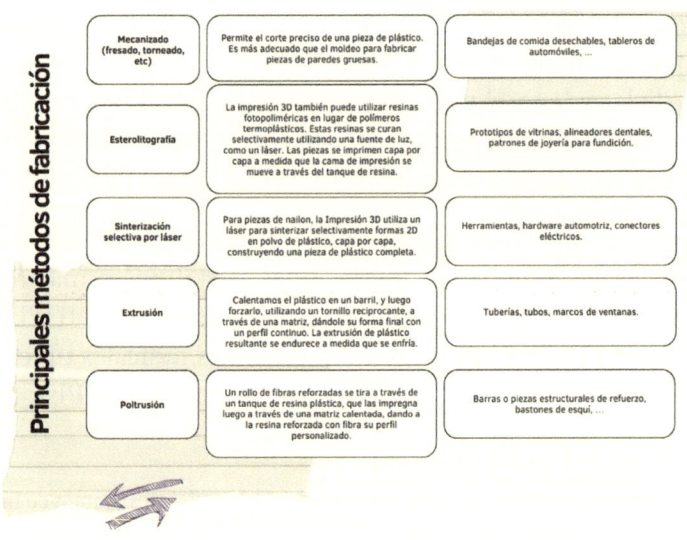

Principales métodos de fabricación		
Mecanizado (fresado, torneado, etc)	Permite el corte preciso de una pieza de plástico. Es más adecuado que el moldeo para fabricar piezas de paredes gruesas.	Bandejas de comida desechables, tableros de automóviles, ...
Esterolitografía	La impresión 3D también puede utilizar resinas fotopoliméricas en lugar de polímeros termoplásticos. Estas resinas se curan selectivamente utilizando una fuente de luz, como un láser. Las piezas se imprimen capa por capa a medida que la cama de impresión se mueve a través del tanque de resina.	Prototipos de vitrinas, alineadores dentales, patrones de joyería para fundición.
Sinterización selectiva por láser	Para piezas de nailon, la Impresión 3D utiliza un láser para sinterizar selectivamente formas 2D en polvo de plástico, capa por capa, construyendo una pieza de plástico completa.	Herramientas, hardware automotriz, conectores eléctricos.
Extrusión	Calentamos el plástico en un barril, y luego forzarlo, utilizando un tornillo reciprocante, a través de una matriz, dándole su forma final con un perfil continuo. La extrusión de plástico resultante se endurece a medida que se enfría.	Tuberías, tubos, marcos de ventanas.
Poltrusión	Un rollo de fibras reforzadas se tira a través de un tanque de resina plástica, que las impregna luego a través de una matriz calentada, dando a la resina reforzada con fibra su perfil personalizado.	Barras o piezas estructurales de refuerzo, bastones de esquí, ...

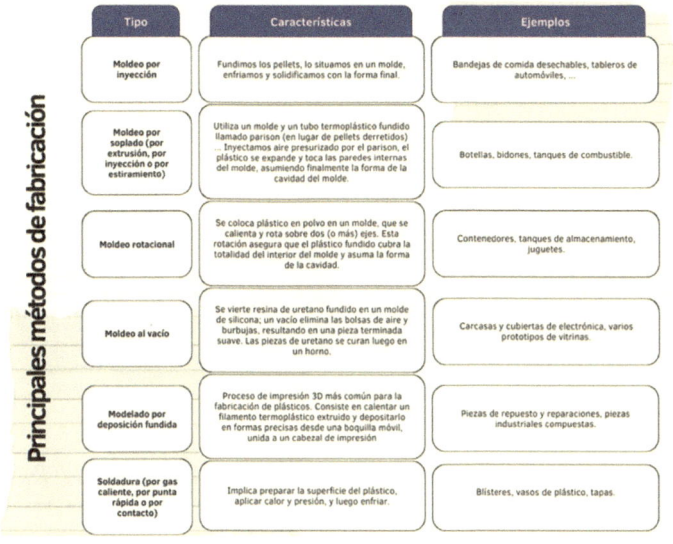

Principales métodos de fabricación

Tipo	Características	Ejemplos
Moldeo por inyección	Fundimos los pellets, lo situamos en un molde, enfriamos y solidificamos con la forma final.	Bandejas de comida desechables, tableros de automóviles, ...
Moldeo por soplado (por extrusión, por inyección o por estiramiento)	Utiliza un molde y un tubo termoplástico fundido llamado parison (en lugar de pellets derretidos). Inyectamos aire presurizado por el parison, el plástico se expande y toca las paredes internas del molde, asumiendo finalmente la forma de la cavidad del molde.	Botellas, bidones, tanques de combustible.
Moldeo rotacional	Se coloca plástico en polvo en un molde, que se calienta y rota sobre dos (o más) ejes. Esta rotación asegura que el plástico fundido cubra la totalidad del interior del molde y asuma la forma de la cavidad.	Contenedores, tanques de almacenamiento, juguetes.
Moldeo al vacío	Se vierte resina de uretano fundido en un molde de silicona; un vacío elimina las bolsas de aire y burbujas, resultando en una pieza terminada suave. Las piezas de uretano se curan luego en un horno.	Carcasas y cubiertas de electrónica, varios prototipos de vitrinas.
Modelado por deposición fundida	Proceso de impresión 3D más común para la fabricación de plásticos. Consiste en calentar un filamento termoplástico extruido y depositarlo en formas precisas desde una boquilla móvil, unida a un cabezal de impresión.	Piezas de repuesto y reparaciones, piezas industriales compuestas.
Soldadura (por gas caliente, por punta rápida o por contacto)	Implica preparar la superficie del plástico, aplicar calor y presión, y luego enfriar.	Blisteres, vasos de plástico, tapas.

Tabla 2. Principales métodos de fabricación. Elaboración propia.

Los polímeros también incorporan aditivos que son sustancias químicas como los plastificantes, los pigmentos u otros compuestos que modifican o aportan propiedades específicas a los plásticos, como dureza, flexibilidad o color, entre muchas otras. Algunos ejemplos se ilustran en la figura 49.

En resumen, el proceso de polimerización y la posterior adición de aditivos y otros productos son fundamentales para obtener plásticos con propiedades específicas y mejoradas. Desde la elección del método de fabricación, al posible catalizador utilizado o al aditivo final, cada paso es crucial para las características finales del plástico que obtendremos.

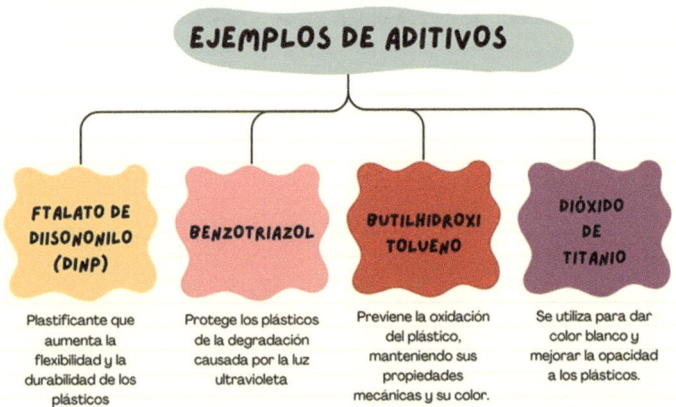

Figura 49. Algunos ejemplos de aditivos plásticos. Elaboración propia.

La fabricación de plásticos abarca una amplia variedad de técnicas, cada una adaptada a necesidades específicas y tipos de materiales. Cada proceso ofrece ventajas únicas en términos de precisión, propiedades y funcionalidad. La elección del método adecuado depende de factores como el tipo de plástico, las propiedades deseadas del producto final y la aplicación específica. Con el continuo avance de la tecnología, estos procesos siguen mejorando, permitiendo la creación de productos plásticos cada vez más complejos y adaptados a nuestras necesidades.

AGRADECIMIENTOS

En primer lugar, quiero expresar mi gratitud a todas aquellas personas que dedicaron parte de su tiempo a ofrecer una retroalimentación indispensable para dar forma a este libro.

Un reconocimiento especial a los profesores de Scientix, cuyos aportes fueron fundamentales; a la inestimable Raquel, compañera incansable de mis aventuras literarias, y a los profesores Nicolás Olea, cuya bibliografía sobre microplásticos enriqueció el texto, e Inés Fernández, por su visión global y certera.

Mención aparte merecen Àlex y Marc, amigos entrañables cuyas ideas fueron clave en el desarrollo de esta obra. Tampoco puedo olvidar a todos esos personajes inspiradores que, desde la sombra, han tejido la compleja historia de los plásticos y su impacto en nuestro mundo.

Por último, mi agradecimiento al Ayuntamiento de Benicarló por su compromiso con la divulgación científica.

Pero, sobre todo, este libro está dedicado a quienes son la verdadera fuente de inspiración de todo lo que hago.

A mis hijos, Berta y Rubén, por recordarme cada día qué es lo esencial. Y a mi mujer, Miriam, por ser mi soporte vital.

A mi madre y mi hermana, por acompañarme en la aventura de la vida.

A mi padre, que lo puedas leer allá donde estés.

Y a esos amigos fieles —ellos saben quiénes son— que me acompañan, con *negronis* o en el Txoko, cuando hace falta.